Thomas Hofstetter

Der Nürburgring - Fluch oder Segen?

Thomas Hofstetter

Der Nürburgring - Fluch oder Segen?

Wirtschaftliche Auswirkungen der Rennstrecke auf die Verbandsgemeinde Adenau

Reihe Realwissenschaften

Impressum / Imprint

Bibliografische Information der Deutschen Nationalbibliothek: Die Deutsche Nationalbibliothek verzeichnet diese Publikation in der Deutschen Nationalbibliografie; detaillierte bibliografische Daten sind im Internet über http://dnb.d-nb.de abrufbar.

Alle in diesem Buch genannten Marken und Produktnamen unterliegen warenzeichen-, marken- oder patentrechtlichem Schutz bzw. sind Warenzeichen oder eingetragene Warenzeichen der jeweiligen Inhaber. Die Wiedergabe von Marken, Produktnamen, Gebrauchsnamen, Handelsnamen, Warenbezeichnungen u.s.w. in diesem Werk berechtigt auch ohne besondere Kennzeichnung nicht zu der Annahme, dass solche Namen im Sinne der Warenzeichen- und Markenschutzgesetzgebung als frei zu betrachten wären und daher von jedermann benutzt werden dürften.

Bibliographic information published by the Deutsche Nationalbibliothek: The Deutsche Nationalbibliothek lists this publication in the Deutsche Nationalbibliografie; detailed bibliographic data are available in the Internet at http://dnb.d-nb.de.

Any brand names and product names mentioned in this book are subject to trademark, brand or patent protection and are trademarks or registered trademarks of their respective holders. The use of brand names, product names, common names, trade names, product descriptions etc. even without a particular marking in this works is in no way to be construed to mean that such names may be regarded as unrestricted in respect of trademark and brand protection legislation and could thus be used by anyone.

Coverbild / Cover image: www.ingimage.com

Verlag / Publisher:
AV Akademikerverlag
ist ein Imprint der / is a trademark of
OmniScriptum GmbH & Co. KG
Heinrich-Böcking-Str. 6-8, 66121 Saarbrücken, Deutschland / Germany
Email: info@akademikerverlag.de

Herstellung: siehe letzte Seite /
Printed at: see last page
ISBN: 978-3-639-49930-8

Inhaltsverzeichnis

Tabellenverzeichnis

Abbildungsverzeichnis

0. Einleitung

„Der Nürburgring – Fluch oder Segen?", lautet die Überschrift dieser Arbeit. Jedoch lässt sich erst nach dem Lesen der zweiten Überschrift der eigentliche Sinn meiner Arbeit nachvollziehen; „wirtschaftliche Auswirkungen der Rennstrecke auf die Verbandsgemeinde Adenau". Die vorliegende Arbeit beschäftigt sich also eher weniger mit den aktuellen Auswirkungen des politischen Werkens an der traditionsreichen Rennstrecke. Trotz den vielen negativen Schlagzeilen, welche in den letzten Monaten und Jahren produziert wurden, reißt die Begeisterung für und um den Nürburgring und die angeschlossene Nordschleife nicht ab. Bei vielzähligen Besuchen durfte ich mich davon persönlich überzeugen. Entgegen der schnell zu vermutenden Meinung leben auch die Einwohner der Verbandsgemeinde Adenau rund um den Nürburgring diese Begeisterung aus, von vereinzelten Kritikern, welche es bei jedem Bauprojekt gibt, abgesehen. Zum Teil war es meine Absicht, diese Begeisterung der „Eifler" für die Rennstrecke mit in diese Arbeit einzubauen und eine Verknüpfung mit der wirtschaftlichen Sichtweise herzustellen. Diese Menschen leben nicht nur für den Nürburgring, sondern auch von diesem.

Zu Beginn meiner Ausarbeitung arbeite ich den Naturraum der Eifel heraus. Ich beschäftige mich zuerst mit der Entstehung und der Gliederung dieses Großraumes um die Gegebenheiten der Natur und die daraus resultierenden Ergebnisse zu verstehen. Die Natur machte diesen Raum lange Zeit zu einem unbewohnten Gebiet. Erst mit den lebensbejahenden Veränderungen im Klima, verbunden mit dem technischen Fortschritt, wurde diese Region zu einem Lebensraum, welcher nach wie vor immer noch von den Naturgegebenheiten geprägt ist.

Das darauf folgende Kapitel handelt von dem Nürburgring selbst. Seine Entstehungsgeschichte wird beleuchtet bevor der Bau der Rennstrecke (Nürburgring sowie der Süd- und Nordschleife), mit dem schon damals großen wirtschaftlichen Aufschwung für die Region, behandelt wird. Mit der weiteren Geschichte, immer verknüpft mit den wirtschaftlichen Gesichtspunkten, seit der Eröffnung bis heute, befasst sich der letzte Abschnitt des zweiten Kapitels.

Das dritte Kapitel wird mit einer Betrachtung der Geschichte der Verbandsgemeinde Adenau begonnen. Es wird herausgestellt, wie eine kleine Siedlung in der Eifel zu so hoher Bedeutung kommen konnte und heute sogar Sitz der Verbandsgemeinde ist. Im weiteren Verlauf des dritten Kapitels werden die weiteren wirtschaftlichen Auswirkungen der Rennstrecke auf die umliegenden Ortschaften der Verbandsgemeinde beleuchtet. Zusammen mit diesem Abschnitt, sowie dem letzten Teil des Kapitels, dem Tourismus rund um den Ring und den vorher angestellten Betrachtungen im zweiten Kapitel, soll ein abgerundetes Verständnis der gesamten wirtschaftlichen Auswirkungen auf die Verbandsgemeinde Adenau geliefert werden.

Den Schluss bildet meine Abschlussbetrachtung im vierten Punkt.

Im Anhang befinden sich die von mir durchgeführten Interviews mit Frau Monika Korden, Orstbürgermeisterin aus Herschbroich und mit Herrn Udo Mergen, Ortsbürgermeister von Müllenbach.

Weiteres fundiertes Wissen zog ich aus Gesprächen mit dem ehemaligen Finanzminister des Landes Rheinland-Pfalz, Prof. Dr. Ingolf Deubel.

1. Der Naturraum Eifel

1.1 Gliederung und Entstehung

Zu Beginn dieser wirtschaftgeographischen und sozialgeographischen Betrachtung der Eifel sollen die morphologischen und geographischen Gegebenheiten der natürlichen Gestaltung dieses Raumes erläutert werden. Die Nutzung des Bodenpotentials, durch Anbau, Industrie oder Besiedlung sind grundlegend für das Geschehen schlechthin. Bedingt durch Faktoren wie Boden, Höhenlage, Wasserverhältnisse und Vegetation wird die Besiedlung eines Raumes bestimmt.

Abb. 1: Übersichtskarte der Eifel mit den verschiedenen Einteilungen, Nürburgring (südlich von Adenau) gekennzeichnet.
Quelle: http://www.eifelreise.de/index.php/eifelkarte; (19.02.2013)

Geologisch gliedert sich die Eifel in die Schiefer-, Kalk- und Vulkaneifel. Die Schiefereifel, welche den größten Teil des Gebirges ausmacht, ist durch einen reichen Waldbestand gekennzeichnet.[1] Hier treten große Buchen-, Eichen-, Kiefer- und (unnatürliche) Fichtenwälder auf.[2] Die Kalkeifel, welche sich in einer 30-40 km breiten Großsenke von Mechernich bis Gerolstein und Prüm erstreckt, ist waldarm und daher zum Ackerbau besonders gut geeignet. Die Kalkmulden (Söternich, Blankenheim, Ruhr, Dollendorf, Ahrdorf, Hillesheim, Gerolstein und Prüm) werden durch Sättel, welche aus Schiefer- und Grauwackenteile bestehen, unterbrochen. Diese acht Kalkmulden wurden im Mesozooikum durch die Abtragung der Ablagerungen aus dem Trias, dem Jura und der Kreide gebildet.[3] Die Vulkaneifel, welche sich von Bad Bestrich und Meerfeld in nordwestlicher Richtung bis Steffeln und Hillesheim erstreckt und in der Osteifel einen großen Raum einnimmt, ist geprägt durch die Maare und große Tuff- und Basaltvorkommen.[4] In manchen Definitionen wird die Eifel auch in Rur-Eifel, Hocheifel, Zentraleifel, Schneifel und Ahr-Eifel unterteilt.[5] Die verschiedenen geographischen Einheiten sind nicht immer deutlich voneinander abzutrennen, da sie sich überschneiden bzw. überlagern.[6]

Entstanden ist das Grundgebirge vor 500 – 400 Millionen Jahren. Bei dieser Gebirgsbildung entstanden Schiefer und Sandsteine. Im Devon wurde die gesamte Eifel außer dem Vennsattel vom Meer eingenommen. Meereskalke, Tone und Sande wurden eingeschwemmt und lagerten sich ab. Teilweise wurden die Kalksteine durch Magnesiumeinwirkung zu Dolomiten umgeformt.

---

[1] Vgl.: Heinz Renn: Die Eifel – Wanderung durch 2000 Jahre Geschichte, Wirtschaft und Kultur; Eifelverein e. V.; Düren 1992; S. 13.
[2] Vgl.: http://www.eifelnatur.de/Deutsch/eifelnatur-sites/Allgemeines_Eifel.html; 23.12.2012.
[3] Vgl.: Richter, Dieter: Allgemeine Geologie; Walter de Gruyter & Co.; Berlin New York 1992; S. 73ff.
[4] Vgl.: Heinz Renn: Die Eifel – Wanderung durch 2000 Jahre Geschichte, Wirtschaft und Kultur ; S. 14.
[5] Vgl.: Liedtke, H. und J. Marcinek (Hrsg.): Physische Geographie Deutschlands. Gotha, Stuttgart 2002; S. 472f.
[6] Vgl.: Definitionen (Renn, Liedtke, Meynen) über die räumliche Gliederung des Eifelraumes.

Zum Ende des Devon und zu Beginn des Karbon hob sich das Gebirge, Ton wurde zu Schiefer und Sand zu Sandstein umgeformt. Am Ende des Karbon und im Perm wurden durch Erosionen Gebirge abgetragen, sodass sich eine Rumpffläche bildete. Der prägende Vulkanismus der Eifel bildete sich etwa vor 23 – 2,5 Milliarden Jahren im Tertiär. Von den Vulkanen ist heute meist nur noch die Basaltschulte zu erkennen. Vor der Eiszeit hob sich die Eifel in verschiednen Phasen um bis zu 300 Metern. Während der Eiszeit war sie von kalten Steppengebieten geprägt. Zu dieser Zeit wurden die großen Täler durch riesige Flüsse geformt. Zeitgleich entstanden zwei neue Vulkanlinien am Rheintal, der Mosel der Ahr und in den Bereichen um Daun und Hillesheim. Durch den Vulkanismus entstanden 16 Maare. Das größte Maar ist der Laacher See (nördlich von Mendig), welcher um 7500 v. Chr. entstanden ist. [7]

1.2 Das Klima der Eifel

Prägend für die Landschaft ist das Klima. Wie kaum in einer anderen Gegend in Deutschland sind die Höhe und die Lage entscheidend für dieses. Durch die verschiedenen Einwirkungen des Klimas sind auch die Verteilung von Ackerland, Wiesen und Wäldern entstanden.[8] Die höchsten Niederschlagsmengen weisen die westliche Eifel und das Hohe Venn mit 900 bis 1300 mm/m² im Jahr auf. In den Randlandschaften fallen hingegen nur 550 bis 650 mm/m² pro Jahr.

---

[7] Vgl.: Richter Dieter: Die Eifel – Wanderung durch 2000 Jahre Geschichte, Wirtschaft und Kultur; S. 73ff.
[8] Vgl.: Informationen nach Eifelnaturverein; s.o.; 23.12.2012.

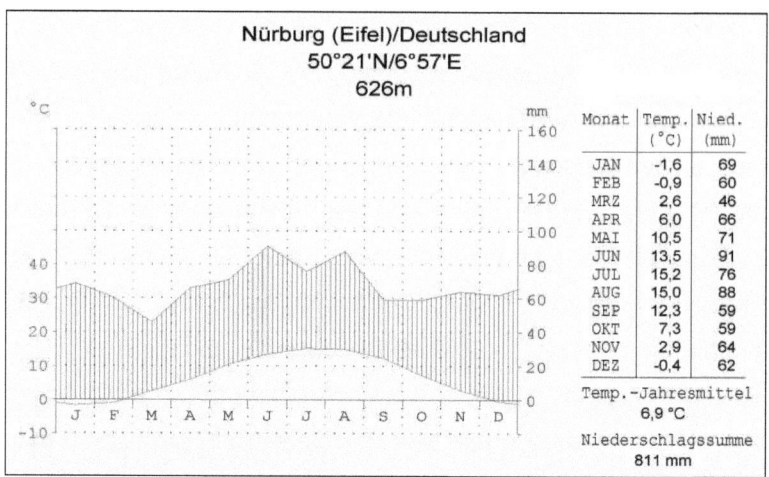

Abb. 2: Klimadiagramm Nürburg, 2006.
Quelle:http://upload.wikimedia.org/wikipedia/commons/e/ef/Klimadiagramm-Nuerburg_%2
8Eifel%29-Deutschland-metrisch-deutsch.png; (19.02.2013); nach eigener Bearbeitung.

Durch den spät einsetzenden Frühling und die früh beginnenden Nachtfröste im Herbst ist eine erfolgreiche Landwirtschaft ausgeschlossen. Die landwirtschaftliche Struktur ist durch Roggen-, Hafer- und Kartoffelanbau, vor allem aber durch die Viehzucht und die Forstwirtschaft geprägt. Das Bitburger Land und die Wittlicher Senke, das Maifeld und die Zülpicher Börde heben sich mit ihren fruchtbaren Ackergebieten von der inneren Eifel ab.[9]

An Bodenschätzen sind in der Eifel zu finden: Bleivorkommen bei Mechernich und Bleialf, Galmei am Nordrand von Stolberg, sowie Eisenerzlager, die als Braun- und Roteisensteine vor allem in den Tälern von Olef, Urft, Feyenbah und Kyll zutage treten. Die Holzvorkommen dienten seit jeher als Brennstoff und das Holz der ausgedehnten Wälder konnte man als Bauholz für die Bergwerke und Eisenhütten verwenden.[10] Basalt und Phonolitabbau aber auch die Verarbeitung von Bimsstein (Baustoffindustrie) beschäftigte die Menschen. Die Nutzung der postvulkanischen Säuerlinge ist noch heute

---

[9] Vgl.: Renn Heinz: Die Eifel – Wanderung durch 2000 Jahre Geschichte, Wirtschaft und Kultur ; S. 14.
[10] Vgl.: Renn Heinz: Die Eifel – Wanderung durch 2000 Jahre Geschichte, Wirtschaft und Kultur ; S. 14.

Grundlage für die Kohlensäuregewinnung der Mineralwasserindustrie.[11] In den Kalkmulden bestehen seit der römischen Zeit Kalkbrüche und Kalkbrennereien. Die Stein- und Tonindustrie in der südlichen Eifel wird von den Trachyt-, Tuff- und Basaltvorkommen versorgt.[12]

---

[11] Vgl.: http://www.nuerburg-quelle.de/; 23.12.2012.
[12] Vgl.: Renn Heinz: Die Eifel – Wanderung durch 2000 Jahre Geschichte, Wirtschaft und Kultur; S. 14.

2. Der Nürburgring

2.1 Entstehung und Bau

Nachdem Kaiser Wilhelm II. beim „Kaiserpreis – Rennen" 1907 keinen deutschen Fahrer zum Sieger küren konnte, begannen die ersten Diskussionen über eine permanente Rennstrecke. Auch die Rennfahrer waren von dieser Idee sehr angetan, denn auch die Sicherheit spielte schon damals eine große Rolle. *„Man ist allmählich zu der Einsicht gelangt, dass zur einwandfreien Durchführung der größten sowohl als auch der kleineren Veranstaltungen die bisher verwandten öffentlichen Verkehrswege nicht mehr geeignet sind, da ein einwandfreies Training nicht durchgeführt werden kann, will der betreffende Fahrer nicht Gefahr laufen sowohl sein eigenes, als auch das Leben seiner Mitmenschen zu gefährden."[13]*

Das deutsche Kaiserhaus war dem Motorsport und dem ganzen Gedanken der Motorisierung ebenfalls sehr angetan. Prinz Heinrich verzichtete sogar auf einen Chauffeur und griff selbst ins Lenkrad.[14]

Für den Bau einer neuen Rennstrecke standen in Deutschland eigentlich nur drei verschiedene Gebiete zur Debatte: die Lüneburger Heide, die Eifel und der Taunus. Die Lüneburger Heide schied aus, da diese viel zu flach war, um eine schöne anspruchsvolle Rennstrecke zu beherbergen. Seine Majestät wollte nicht nur eine kurvenreiche Strecke, sondern auch einige Berg- und Talstücke im Aufgebot der Strecke haben.[15]

Fachjournalisten griffen diese Idee sofort auf und bereits am 28. Juni 1907 stand in der führenden Fachzeitschrift, der „Automobil-Welt" zu lesen:

„Jetzt spricht alle Welt in dem malerisch gelegenen Eifelstädtchen Adenau davon, dass die Rennbahn in jener Gegend angelegt werden soll. Daß die

---

[13] Verwaltungsbericht des Kreises Adenau; Gebirgsautobahn Nürburg – Ring – Erläuterungsbericht zu dem Gebirgsrennstraßenprojekt im Kreise Adenau (Rheinland); 1926.
[14] Vgl.: Richard von Frankenberg: Der Nürburgring; Moderne Verlags GmbH; München 1965; S. 15.
[15] Vgl.: Richard von Frankenberg: Der Nürburgring; S. 16.

Eifel mit ihren Hügeln und Gefällen für das geplante Unternehmen sehr zweckdienlich ist, dürfte von Fachleuten nicht bezweifelt werden. Das Nehmen von Steigungen, Gefällen, scharfen Kurven, kommt doch für den Automobilsport und namentlich bei der Ausbildung von Fahrern hauptsächlich in Betracht. "[16]

Es gab aber nicht nur Befürworter, sondern auch viele Gegner solch einer Rennstrecke. So heißt es ebenso in der Automobil-Welt:

„Man ist sehr geteilter Meinung, ob die Anlage einer solchen Rennbahn der Eifel von Nutzen sein wird. Viele befürchten, dass die Fußwanderer, die jetzt gern die Eifel nach allen Richtungen hin durchqueren, dadurch verscheucht würden, ... "[17]

So blieb es bei vielen Worten, es folgten aber keine konkreten Pläne, wohlmöglich auch durch den Ersten Weltkrieg bedingt. Bereits zwei Jahre nach Kriegsende fanden aber schon wieder nationale Wettbewerbe statt. International wurden permanente Rennstrecken eröffnet.[18] Im Rahmen der Eifel-Rundfahrt 1922 entwickelte Hans Weidenbrück, Pächter der Nürburger Gemeindejagd, gemeinsam mit Franz Xaver Weber, Kreistagsabgeordneter von Adenau und Hans Pauly, Gemeindevorsteher von Adenau, die Idee, die Gemeindewege und Provinzstraßen rund um das Dorf Nürburg miteinander zu einer Rennstrecke zu verbinden.[19] Auch der Kölner Oberbürgermeister, Dr. Konrad Adenauer, wollte sich dafür einsetzen, nachdem man ihm diese Idee zugetragen hatte.[20] Anfang 1925 gründete Hans Weidenbrück schließlich den ADAC Ortsclub Adenau, welcher an Ort und Stelle die Initiative ergreifen sollte. Schon auf der Gründungsversammlung sprach man davon, dass diese Strecke nicht nur dem Rennsport dienen sollte, sondern

---

[16] In: Automobil-Welt; 28. Juni 1907.
[17] In: Automobil-Welt; 28. Juni 1907.
[18] 1922 wurde die Rennstrecke in Monza/Italien, Indianapolis/Amerika und Brooklands/England eröffnet.
[19] Vgl.: Michael Behrndt / Jörg-Thomas Födisch: Kleiner Kreis – Großer Ring: Adenau und der Bau des Nürburgrings; Köln; marzellen Verlag; 2010; S. 22.
[20] Vgl.: Richard von Frankenberg: Der Nürburgring; S. 19.

gleichermaßen auch dem Tourismus und der Industrie. Des Weiteren bestand die Möglichkeit, dadurch, dass weite Teile der Eifel als Notstandsgebiete galten, Arbeitslose beim Bau einzusetzen.[21] Man musste nur noch mit dem preußischen Wohlfahrtsministerium in Berlin verhandeln, da der Bau der Erwerbslosenfürsorge dienen sollte und somit einer staatlichen Genehmigung bedurfte.[22] In §4 der entsprechenden Verordnung heißt es: *„Der Gemeinde...werden von dem Gesamtaufwande für die Erwerbslosenfürsorge vom Reiche sechs Zwölftel und von dem zuständigen Bundesstaate vier Zwölftel ersetzt. (...) Da die Arbeitslosigkeit im Kreis hoch war, konnte der Einsatz von Erwerbslosen beim Bau der Rennstrecke sowohl sozialen Aspekten dienen als auch die Entstehungskosten niedrig halten."*[23]

Der Regierungspräsident war dankbar für dieses große Projekt. Er sah darin eine gute Chance viele Arbeitslose, welche ohne Gegenleistung unterstützt wurden, zu beschäftigen. Somit wurden die notwendigen 1,8 Mio. Mark, welche zum Bau benötigt wurden, ohne große Bedenken bewilligt. Einsprüche gegen den Bau von ortsansässigen Bauern wurden verworfen.[24]

Das Ingenieurbüro Gustav Eichler aus Ravensburg wurde mit der Bauleitung beauftragt. Baurat Eichler schrieb in einem Brief an den Landrat Dr. Creutz, dass er nach dem „Studium des Kartenmaterials", was mit dem „umfassenden Rundblick vom Turm der Nürburg sehr gut möglich" war, die Strecke grob im Kopf hatte.[25] Regierungsbaumeister Schoper aus Adenau gab nur die Vorgabe, dass *„die Straße ungefähr 25km betragen, die Steigung bis 17 ½ %, das größte Gefälle 11 ½ % betragen sollte."*[26] Des Weiteren sagt der Baumeister: *„Im Übrigen musste sich die Trasse naturgemäß nach dem*

---

[21] Vgl.: Richard von Frankenberg: Der Nürburgring; S. 20.
[22] Vgl.: Richard von Frankenberg: Der Nürburgring; S. 20.
[23] Michael Behrndt / Jörg-Thomas Födisch: Kleiner Kreis – Großer Ring: Adenau und der Bau des Nürburgrings; S. 30.
[24] Vgl.: Michael Behrndt / Jörg-Thomas Födisch: Kleiner Kreis – Großer Ring: Adenau und der Bau des Nürburgrings; S. 36.
[25] Vgl.: Baurat Gustav Eichler in: Der Nürburg-Ring; Nr. 12; Oktober 1927; Landkreis Adenau (Eifel); S. 3.
[26] Regierungsbaumeister Schoper in: Der Nürburg-Ring; Nr. 12; Oktober 1927; Landkreis Adenau (Eifel); S. 4.

vorliegenden Gelände, möglichst wenig Kulturland berührend, nach dem jeweiligen Basaltvorkommen und nach dem Untergrundvorkommen richten."[27] Nachdem Spezialkarten studiert und die Bewohner befragt worden waren, konnten die verschiedenen Steinvorkommen bestimmt werden und das Streckenkonzept entstand: *„Gesamtstrecke 28,265 km. Nordschleife 22,810 km. Südschleife 7,747 km. Start und Zielschleife 2,238 km. Im Schnittpunkt dieser vier Schleifen befindet sich der Start- und Zielplatz. Längste Gerade 2,6 km (Döttinger Höhe bis Tiergarten), engster Kurvenradius rund 33 m (Karussell). Die Breite der Bahn beträgt durchschnittlich 8 m. Bei Start und Ziel weist die Strecke auf einer Länge von 500 m eine Breite von 20 m auf. Die Höhenunterschiede: maximales Gefälle von bis zu elf Prozent, Steigungen von bis zu 17 Prozent. Eine besondere Schwierigkeit stellt die für Industrieversuche vorgesehene Steilstrecke mit 27 Prozent dar. [...]."*[28]

---

[27] Regierungsbaumeister Schoper in: Der Nürburg-Ring; Nr. 12; Oktober 1927; Landkreis Adenau (Eifel); S. 4.
[28] Streckenkonzept von Gustav Eichler in: Nürburgring (Plan, Bau, Betrieb); Landeshauptarchiv Koblenz; Bestand 537,031, Nr.: 103.

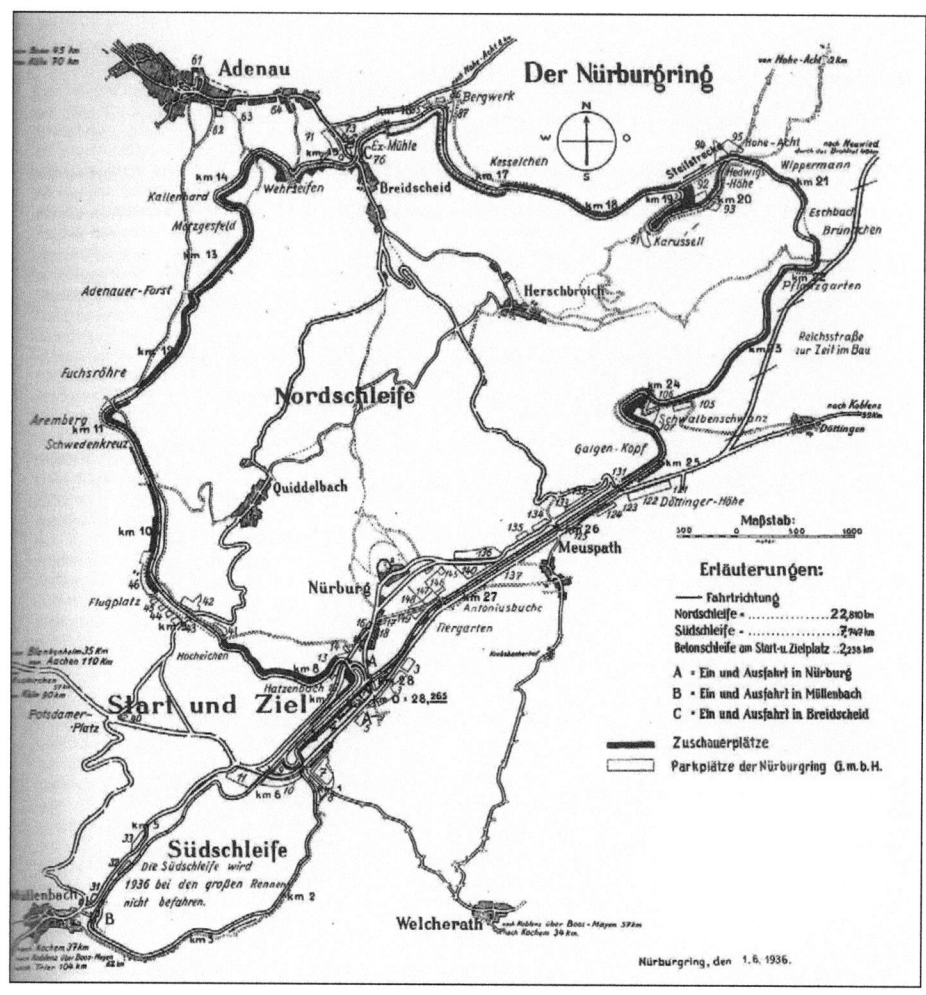

Abb. 3: Der Nürburgring, 01.06.1936.
Quelle: Grüne Hölle Nürburgring, S. 9, eigene Bearbeitung.

Eine Besonderheit waren die technischen Einrichtungen und Hochbauten an Start und Ziel. Des Weiteren wurden drei Tribünen geplant, wobei die Haupttribüne ein Fassungsvermögen von rund 2500 Zuschauern bieten, sowie ein Restaurant und ein Hotel beinhalten sollte. Die gesamte Strecke wurde nach dieser Planung in vier verschiedene Bauabschnitte eingeteilt.[29] Diese sollten an große Bauunternehmen in der Nähe zum Nürburgring vergeben werden. Die vier Baulose erhielten:

Los I: von km 9,0 bis 16,0 an die Firma Westdeutsche Bau Union, Köln

Los II: von km 16,0 bis 23,0 an die Firma C. Barsel AG, Stuttgart, die auch das Sporthotel „Tribüne" erstellte.

Los III: von km 0,0 bis 0,5, von km 6,5 bis 9,0 und von km 23,0 bis 28,0 an die Firma C. Altenberg, Köln.

Los IV: von km 0,5 bis 6,5 an die Firma Perthel und Co., Köln.[30]

Die Art und Weise wie gebaut wurde war neuartig, da „ausschließlich nur Erwerbslose ohne Rücksicht auf ihre frühere Berufe oder besondere Erfahrung nach Überweisung durch die Arbeitsnachweise bei den Bauarbeiten Beschäftigung finden", wie es in einem zeitgenössichen Bericht zu lesen steht.

Am 27. April 1925 fingen die ersten 60 Arbeitslose mit den vorbereitenden Arbeiten an. Am 27. September 1925 erfolgte dann der Festakt der Grundsteinlegung.

Die Trassierung war relativ einfach, da man nicht wie gewöhnlich Steigungen und unregelmäßige Kurven vermied, sondern genau diese für die Gebirgs- und Prüfstrecke wollte. Schon im Oktober 1925 waren knapp 1000 Arbeiter am Bau beschäftigt. Eine Hälfte wurde mit Sonderzügen jeden Tag aus dem Ahrtal herbeigebracht, während die andere Hälfte zu weit außerhalb wohnte, um jeden Tag diese Reise auf sich zu nehmen. Die Arbeiter nächtigten daher während der Woche in Baubaracken in Breidscheid (200 Arbeiter) und auf der Hohen Acht (100 Arbeiter). Dort konnten sie auch in den

---

[29] Vgl.: Streckenkonzept von Gustav Eichler in: Nürburgring (Plan, Bau, Betrieb).
[30] Vgl.: Michael Behrndt / Jörg-Thomas Födisch: Kleiner Kreis – Großer Ring: Adenau und der Bau des Nürburgrings; S. 48.

Wohlfahrtseinrichtungen äußerst billig verköstigt werden.[31] Zu Beginn des Jahres 1926 waren schon 2000 Arbeiter beschäftigt, wobei die Kosten in die Höhe getrieben wurden durch die schlechte Witterung, welche man in der Planung außer Acht gelassen hatte. Die überall erschlossenen Steinbrüche enttäuschten die entstandenen Erwartungen und das Basaltvorkommen war sehr vereinzelt. Als schließlich dann im Winter 1926 der erste Schnee kam, war trotz aller Schwierigkeiten auf der Gesamtstrecke das Planum durchgeführt, die Packlage eingewalzt und an verschiednen Stellen auch schon die Schotterdecke aufgebracht. Die letzten Arbeiten wurden im Frühjahr 1927 vollendet und so fand schließlich am 18. und 19. Juni 1927 die feierliche Eröffnung es Nürburgringes statt. Rund 85.000 Besucher mit ca. 20.000 Fahrzeugen wurden gezählt. In seiner Eröffnungsrede fand Landrat Dr. Creutz die, bis heute andauernden, sehr treffenden Worte:

„Schönheit der Natur und Technik des Menschen – eine gefährliche Verbindung, die aber auch zur Befriedigung und Vollkommenheit führen kann. Wenn diese Verbindung beim Nürburg- Ring geglückt sein sollte, dann doppelt willkommen, ihr Naturfreunde und Sportler, ebenso wie die Techniker des Kraftfahrzeuges und des Straßenbaues."[32]

Der Bau des Nürburgringes brachte weitere Erkenntnisse im Straßenbauwesen. Gustav Eichler trat hier erstmals als Verfechter des Standpunktes der Fahrbahntrennung von Hin- und Rückfahrt auf. Es war neu, dass jede Richtung ihre eigene Bahn haben sollte. Nun war es auch erstmals möglich, durch genaue Registrierung der eingebauten Materialien, das Verhältnis der Straße unter dem Einfluss von leichtem, schnellen Verkehr zu studieren.[33]

---

[31] Vgl.: Richard von Frankenberg: Der Nürburgring; S. 26.
[32] Eröffnungsrede von Landrat Dr. Creutz; Landeshauptarchiv Koblenz; Bestand 537,031, Nr.: 103.
[33] Vgl.: Michael Behrndt / Jörg-Thomas Födisch: Kleiner Kreis – Großer Ring: Adenau und der Bau des Nürburgrings; S. 118.

2.2 Der Nürburgring von der Eröffnung bis heute

Nach der Eröffnung versuchte man immer mehr Besucher in die Eifel zu locken. Noch im Winter 1927 wurden Sonderzüge aus Köln nach Adenau (3 Stunden Fahrzeit) angeboten, um die Skipisten und Rodelbahnen auf und um den Nürburgring herum nutzen zu können. Die Beherbergungsbetriebe reagierten auf das aufkommende Wintergeschäft, senkten ihre Preise und boten Betten für 0,60 Mark die Nacht an.[34]

Der Nürburgring wurde immer bekannter, so war es auch kein Zufall, dass der Papst einen Mercedes Wagen des Typs „Nürburg" fuhr.[35] Die Kosten für eine Runde über die Nordschleife (Variante Touristenfahrt) waren jedoch nur für die Oberschicht zu bezahlen. Es wurde eine Gebühr von drei Mark plus zwei Mark je Person im Wagen berechnet.[36] Wenn man bedenkt, dass zu dieser Zeit ein Kilogramm Schweinefleisch für 2,20 Mark verkauft wurde, die Nordschleife aber trotz diesen hohen Preisen unglaublichen Zuspruch fand, ist es gut nachzuvollziehen, dass man die Rennstrecke für normale Fahrzeuge und ungeübte Fahrer öffnete.

Durch den Ausbruch des 2. Weltkriegs kam leider auch der Motorsport zum Erliegen. In der ersten Kriegsphase wurde das Sporthotel „Tribüne" als Lazarett genutzt, später als Sitz eines Divisionsstabes. Die Parkplätze bei Start und Ziel wurden in Acker- und Weidenflächen umfunktioniert. An den ersten Märztagen des Jahres 1945 fuhren amerikanische Panzer in Müllenbach auf die Südschleife und ruinierten so die Rennstrecke.[37]

Nach dem Krieg war es schwer wieder an ein normales Leben zu denken, geschweige denn an Motorsportveranstaltungen. Wer sein Fahrrad vor der Beschlagnahmung retten konnte, war ein „König".[38] In Chemnitz und Zwickau

---

[34] Vgl.: Richard von Frankenberg: Der Nürburgring; S. 77.
[35] Vgl.: Richard von Frankenberg: Der Nürburgring; S. 150.
[36] Vgl.: Richard von Frankenberg: Der Nürburgring; S. 62.
[37] Vgl.: Michael Behrndt / Jörg-Thomas Födisch: Nürburgring 75 Jahre; Heel Verlag; Königswinter 2002; S. 43f.
[38] Vgl.: Richard von Frankenberg: Der Nürburgring ; S. 91.

waren die Auto-Union Werke den Flammen zum Opfer gefallen. In Cannstatt das Mercedes-Benz Werk sowie auch das NSU Werk in Neckarsulm wurden durch Bombenangriffe zerstört.[39] *„Die Bevölkerung lebt in ärmlichen Verhältnissen, ganz auf die kargen Erzeugnisse der Landwirtschaft angewiesen, nur ab und zu begegnete man den Ansätzen eines größeren Gewerbes wie zum Beispiel in Adenau einer Tabak- und Tuchindustrie"*[40]

Am 23. Mai 1947 wurde der Wiederaufbau durch die motorsportfreundliche Besatzungsmacht Frankreich genehmigt. 300 Arbeiter schafften es, dass der Nürburgring Ende Juli mit 80.000 Zuschauern wiedereröffnet werden konnte.[41]

„...schon einige Jahre später hatte sich das Bild gewandelt. Kraftfahrzeuge aller Art und aller Nationen kamen tagtäglich in diese bis vor kurzem so einsame und unberührte Gegend."[42]

Am 3. August 1952 besuchten bereits wieder 150.000 Zuschauer den 15. Großen Preis von Deutschland.[43]

1970 boykottierten die Fahrer der Formel I den Nürburgring bzw. die Nordschleife. Ihnen war die Strecke zu gefährlich und zu unsicher geworden. Die daraus folgenden Umbaumaßnahmen um die Strecke waren vielfältig:

- Begradigung der Strecke: Kurven wurden entschärft;
- Leitplanken: Bisher gab es noch nicht überall Leitplanken, sodass nun zweistöckige Leitplanken installiert wurden;
- Fangzäune: Hinter den installierten Leitplanken wurden Fangzäune auf sechs Kilometern errichtet, um so die Zuschauer vor herumfliegenden Fahrzeugteilen zu schützen;

---

[39] Vgl.: Thora Hornung: Die Nürburgring-Story: 60 Jahre Rennsport–Faszination; Motorbuch Verlag; Stuttgart 1987; S. 91.
[40] Informationsmappe zum Nürburg-Ring; S. 11; Landeshauptarchiv Koblenz; Bestand 714 Nr. 6912.
[41] Vgl.: Jörg-Thomas Födisch / Robert Ostrovsky: Grüne Hölle Nürburgring: Eine Bild- und Text-Dokumentation; Brühlscher Verlag; Gießen 1995; S. 55.
[42] Informationsmappe zum Nürburg-Ring; S. 12; Landeshauptarchiv Koblenz; Bestand 714 Nr. 6912.
[43] Vgl.: Jörg-Thomas Födisch / Robert Ostrovsky: Grüne Hölle Nürburgring: Eine Bild- und Text-Dokumentation; S. 62.

- Seitenstreifen mit Auslaufzonen: Vor den Leitplanken wurde ein 3-4 m breiter Grünstreifen angelegt;
- Neuer Straßenbelag: unebene Stellen wurden so korrigiert;
- Entfernung bzw. Entschärfung der Sprunghügel;
- Erneuerung der Kanalisation um aufkommendes Aquaplaning zu verhindern;
- Neubau von zu kleinen Brücken;

Dadurch entstanden Kosten von über 20 Millionen D-Mark, ca. 10.000 Bäume mussten entfernt werden und ca. 20.000 Lastwagenladungen an Erdreich bewegt werden.[44]

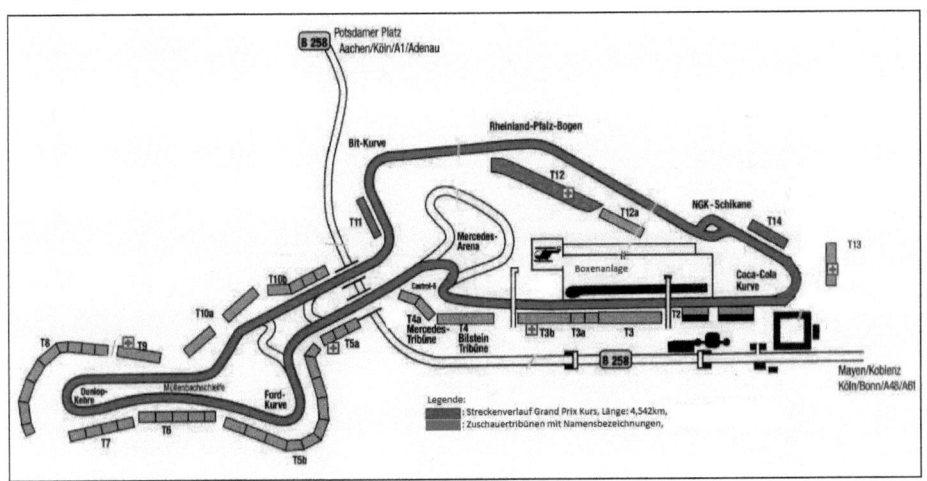

Abb. 4: Streckenverlauf der Grand Prix Strecke, 1984.
Quelle: Grüne Hölle Nürburgring; S. 23; nach eigener Bearbeitung.

Bereits kurz nach diesem Umbau wurde die Strecke in den Jahren 1976 – 1984 wieder umgebaut, weil Forderungen nach einer kürzeren Grand Prix Strecke laut wurden. Die Zuschauer sollten von einer Tribüne möglichst viel sehen können. Am 30. November 1981 erfolgte die Grundsteinlegung für den

---

[44] Vgl.: Krass Alexander: In: Umbauten; www.nordschleifologie.de; (23.12.2012).

neuen Grand Prix Kurs. Die Anlagen bei Start und Ziel wurden abgerissen und komplett neu errichtet.[45]

Am 12. Mai 1984 konnte die neue Grand Prix Strecke eröffnet werden. Die Kosten beliefen sich auf ca. 15 Millionen D-Mark, wovon je 5 Millionen D-Mark der ADAC und die Bundesrepublik übernahmen.[46]

1984 wurde ebenfalls das Ring Museum eröffnet, welches auf einer Fläche von 2500m² immer wechselnde Exponate zeigte und pro Jahr im Durchschnitt 100.000 Besucher anlockte.[47] Um ein immer weiter umfassendes Publikum an den Ring zu locken, wurden diverse Veranstaltungen außerhalb der Motorsportveranstaltungen angeboten, welche sich bis heute etabliert haben. So wurde im Jahre 1978 mit mehr als 5300 Läufern auf der Rennstrecke der erste Nürburgring Lauf gestartet.[48] 1981 wurde das erste Internationale Schlittenhunderennen angefahren,[49] 1982 das Nürburgring-Volksradfahren, welches sich bis heute unter dem Namen „24h Rad am Ring" finden lässt.[50] Schließlich wurde 1991 das Festival „Rock am Ring" ins Leben gerufen, welches damals schon 50.000 Besucher anlockte.[51]

---

[45] Vgl.: Krass Alexander: In: Umbauten auf www.nordschleifologie.de; (23.12.2012).

[46] Vgl.: Briefverkehr von Staatskanzlei Rheinland-Pfalz Dr. Schmitz, als Vorsitzender des Aufsichtsrates der Nürburgring GmbH, an Staatssekretär Alfons Schwarz, Minister für Wirtschaft und Verkehr; In: Planung einer Kurzstrecke auf dem Nürburgring Band 1; Landeshauptarchiv Koblenz; Bestand 860, Nr.: 10895.

[47] Vgl.: Jörg-Thomas Födisch / Robert Ostrovsky: Grüne Hölle Nürburgring: Eine Bild- und Text-Dokumentation; S. 129.

[48] Vgl.: Jörg-Thomas Födisch / Robert Ostrovsky: Grüne Hölle Nürburgring: Eine Bild- und Text-Dokumentation; S. 133.

[49] Vgl.: Jörg-Thomas Födisch / Robert Ostrovsky: Grüne Hölle Nürburgring: Eine Bild- und Text-Dokumentation; S. 134.

[50] Vgl.: Jörg-Thomas Födisch / Robert Ostrovsky: Grüne Hölle Nürburgring: Eine Bild- und Text-Dokumentation; S 132.

[51] Vgl.: Jörg-Thomas Födisch / Robert Ostrovsky: Grüne Hölle Nürburgring: Eine Bild- und Text-Dokumentation; S. 132.

3. Die Verbandsgemeinde Adenau

3.1 Die Entstehung einer Stadt

Adenau ist eine Stadt inmitten der zuvor beschriebenen Hocheifel gelegen. Sie ist Verwaltungssitz der Verbandsgemeinde Adenau mit ihren 37 angeschlossenen Ortsgemeinden.

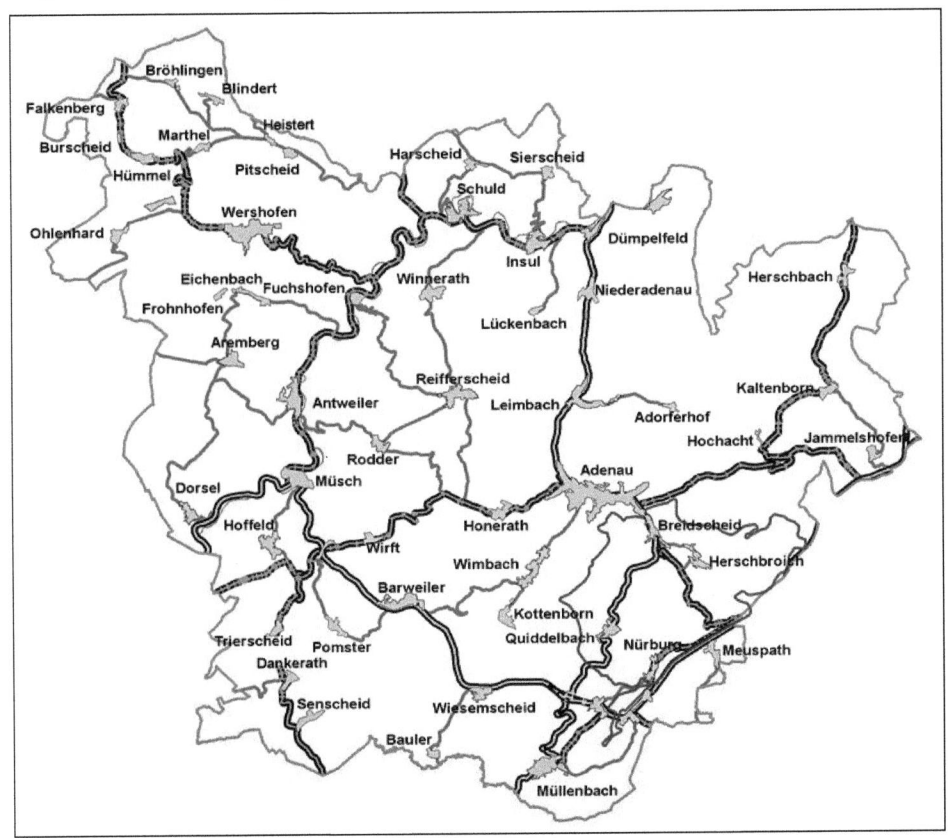

Abb. 5: Verbandsgemeinde Adenau mit den 37 angeschlossenen Ortsgemeinden.
Quelle: http://bilder.kreis-ahrweiler.de/portal/karte-altenahr.html; (19.02.2013).

Erstmals wurde Adenau in einem Vertrag 975 zwischen der Trierer Abtei St. Maxemin und dem trierischen Archediakon Wiefried unter dem Namen

Lidersadenowe erwähnt.[52] Des Weiteren wurde der Ort bei Otto III. im Bezug auf den Bannforst erwähnt.[53] Im Hochmittelalter zählte Adenau zum Herrschaftsgebiet der Grafen von Are-Nürburg, welcher diese Grafschaft 1246 dem Erzstift Köln zueignete.

1162 ließ sich der Johanniter- (Malteser) Orden in Adenau auf einem Gebiet nieder, welches aus einer Schenkung des Grafen Ulrich von Are resultierte. Langsam siedelten sich um diese geschenkten Herrenhof immer mehr kleinbäuerliche Landwirte an, sodass diese Siedlung immer mehr einer Stadt ähnelte.[54] Von 1816-1833 hatte Adenau eine städtische Verfassung durch den Beschluss der Landesregierung. Von 1816-1932 war Adenau ebenso auch Sitz des Kreises (Hocheifelkreis genannt). Die städtische Verfassung wurde 1833 wegen Steuervorteilen für die Bevölkerung wieder aufgegeben.[55] Am 11. Mai 1952 wurde der Gemeinde Adenau wieder der Titel einer Stadt anerkannt.[56]

3.2 Die Auswirkungen der Rennstrecke auf die Verbandsgemeinde

Im Folgenden wird die Verbandsgemeinde Adenau unter diversen Kriterien betrachtet, um festzustellen, inwiefern sich die Verbandsgemeinde anders als ähnliche Gemeinde entwickelt hat, aber auch um zu betrachten wie und inwiefern der Bau des Nürburgringes zu Veränderungen in der Struktur geführt hat.

---

[52] Vgl.: Peter Blum, Dr.: Adenau am Nürburgring – ein städtisches Gemeinwesen seit Jahrhunderten; Verlag der Stadt Adenau; Adenau 1952; S. 33.
[53] Kaiser Otto errichtete am 19. Mai 993 einen Bannforst zwischen Adenau und dem heutigen Bad Neuenahr Ahrweiler, Peter Blum; Adenau am Nürburgring; S. 66.
[54] Vgl.: Peter Blum, Dr.: Adenau am Nürburgring – ein städtisches Gemeinwesen seit Jahrhunderten; S.4.
[55] Vgl.: Peter Blum, Dr.: Adenau am Nürburgring – ein städtisches Gemeinwesen seit Jahrhunderten; S. 27-33.
[56] Vgl.: Peter Blum, Dr.: Adenau am Nürburgring – ein städtisches Gemeinwesen seit Jahrhunderten; S.3.

Insgesamt hat die Verbandsgemeinde Adenau eine Bodenfläche von 257,74 km².[57] Im Jahre 1939 war dies noch eine Fläche von nur 127 km², wovon damals ca. 50 % der Fläche zu forstwirtschaftlichen Zwecken und 27 % für Landwirtschaftliche Zwecke genutzt wurde.[58] Von den 350 ha der Landwirtschaft fielen im Jahre 1951 insgesamt 13 ha auf Haus- und Kleingärten und 98 ha auf Ackerfläche. Im Jahre 1988 steigerte sich die landwirtschaftliche Nutzfläche sogar auf 31,6 % der Gesamtfläche.[59] Der Landesweite Durchschnitt lag bei 44,6 %[60], wobei hier die topographischen Schwierigkeiten zu dem weit unter dem Durchschnitt liegenden Wert führen.

Wie Frau Korden, Ortsbürgermeisterin von Herschbroich, treffend formuliert: *„Die Eifel ist kein Gebiet, dass sich in besonderer Weise für die Landwirtschaft anbietet – dafür ist es zu hügelig, zu steinig und zu wetterunbeständig."*[61] Des Weiteren sagt Sie: *„Wir haben Jahrzehnte lang die Realteilung gehabt, sodass wir bis zur Flurbereinigung Felder in „Handtuchgröße" hatten, die sich zur Bewirtschaftung kaum lohnten und in den wenigsten Fällen ihre Besitzer auch ernähren konnten."*[62]

Bis heute nahm die landwirtschaftliche Nutzfläche nicht wesentlich ab, sodass sie zum jetzigen Zeitpunkt bei 29,6 % liegt. Hingegen hat sich die Waldfläche von 1988 bis heute vergrößert, so waren 1988 noch 56,9 % Wald, nun hingegen schon 58,2 %. Im landesweiten Vergleich (2011: 42 %) sieht man, dass das grüne Herz des Landes in dieser Region schlägt, und wie schon der letzte Kaiser sagte: *„Die Eifel ist ein schönes Jagdgebiet, schade*

---

[57] Vgl.:http://www.infothek.statistik.rlp.de/neu/MeineHeimat/detailInfo.aspx?topic=4095&ID=3153& key= 0713101&l=2; Statistisches Landesamt Rheinland-Pfalz; (23.12.2012).
[58] Vgl.: Peter Blum, Dr.: Adenau am Nürburgring – ein städtisches Gemeinwesen seit Jahrhunderten; S.12.
[59] Vgl.: Peter Blum, Dr.: Adenau am Nürburgring – ein städtisches Gemeinwesen seit Jahrhunderten; S. 13.
[60] Vgl.: http://www.infothek.statistik.rlp.de/neu/MeineHeimat/zeitreihe.aspx?l=0&id=3152&key=07& kmaid=0 &zmaid=939&topic=767&subject=11; Statistisches Landesamt Rheinland-Pfalz; (23.12.2012).
[61] Interview mit Frau Korden Monika, Ortsbürgermeisterin von Herschbroich/Adenau, vom 08.11.2012.
[62] Interview mit Frau Korden Monika, Ortsbürgermeisterin von Herschbroich/Adenau, vom 08.11.2012.

dass da Menschen leben." Es ist aber auch zu erkennen, dass die Siedlungs-
und Verkehrsfläche nur bei 11,4 % liegt, wobei die Vergleichsgröße der
Verbandsgemeinden[63] bei 13 % beträgt. Die Forstwirtschaft in der Eifel hat
aber auch ihre Tücken, *„wir haben zwar große Wälder allerdings wachsen bei
uns die Bäume sprichwörtlich nicht „in den Himmel". Wegen den schlechten
Bodenverhältnissen wachsen unsere Eifelbäume –Buchen, Eichen – sehr viel
langsamer als anderswo und bleiben auch viel kleiner. Was selbst in der
heutigen Zeit von hohen Holzpreisen die Forstwirtschaft nicht so lukrativ
macht."*[64]

Die Flächennutzung wurde in der Verbandsgemeinde also an die Umgebung
angepasst, daher unterscheidet sie sich vom Landesdurchschnitt, vor allem in
den Nutzflächen.

Insgesamt lebten zum 31.12.2011 auf dieser Fläche in der
Verbandsgemeinde Adenau 13.257 Menschen wovon 6.683 Männer und
6.574 Frauen waren.[65] Im Jahr 1815 lebten nur 8.563 Menschen in der
Gemeinde. Erstmals wurde die 10.000er Marke zwischen den Jahren 1905
und 1939 geknackt. Wenn man bedenkt, dass zwischen diesen beiden
Volkszählungen der I. Weltkrieg lag und demnach die Bevölkerungszahl
drastisch anstieg, liegt es nahe, dies zum Teil mit dem Bau des
Nürburgringes in Verbindung zu setzen. Viele erhofften sich schon damals
die Vorteile des Erfolges ausnutzen zu können. Des Weiteren lockten die
durch den Bau neu geschaffenen Arbeitsplätze.

An den Einwohnerzahlen der Verbandsgemeinde lässt sich der landesweite
Trend verfolgen.

---

[63] Diese Zahl beruht auf der Vergleichsgröße von Verbandsgemeinden mit 10.000 – 20.000
Einwohner zum 31.12.2011.
[64] Interview mit Frau Korden Monika, Ortsbürgermeisterin von Herschbroich/Adenau, vom
08.11.2012.
[65] Bezogen auf den Hauptwohnsitz.

1950	1962	1972	1992	2004	2008	2011
12.173	12.445	13.393	13.832	14.426	13.716	13.257

Tabelle 1: Einwohnerzahlen der Verbandsgemeinde Adenau 1950-2011.
Quelle: Daten des Statistischen Landesamtes Rheinland-Pfalz; eigene Darstellung

Wenn man jedoch die Zahlen direkt mit den Nachbargemeinden vergleicht erkennt man, dass sich die Verbandsgemeinde am schlechtesten entwickelt hat. Negative Trends wurden verstärkt und positive Trends abgeschwächt.

Jahr / Ort	1970	1980	1990	2000
VG. Adenau	100	96,8	104,7	110,3
Remagen	100	104,7	111,3	118,3
VG. Bohltal	100	101,8	110,2	121,9

Tabelle 2: Entwicklung der Einwohnerzahlen von 1970-2000, Kennzahl 1970: 100.
Quelle: Daten des Statistischen Landesamtes Rheinland-Pfalz; eigene Darstellung

Ein Blick in die natürliche Bevölkerungsbewegung verrät, dass hier ein Grund für die negative Entwicklung liegt. Die natürliche Bewegung der Bevölkerung war in den letzten 36 Jahren nur sechs Jahre positiv, in den letzten 11 Jahren war sie stets negativ. Im Jahr 2010 lag dieser Saldo sogar bei -118 Menschen. Verschlechtert wurde die Entwicklung durch die vielen Fort- und die wenigen Zuzüge. Auch hier waren die Zahlen in den letzten 10 Jahren meist negativ[66]. [67]

---

[66] Nur die Jahre 2002, 2004 und 2008 waren positiv geprägt.
[67] Vgl.: http://www.infothek.statistik.rlp.de/neu/MeineHeimat/zeitreihe.aspx?l=2&id=3153&key=07 13101&kmaid= 86&zmaid=939&topic=4095&subject=20; Statistisches Landesamt Rheinland-Pfalz; (23.12.2012).

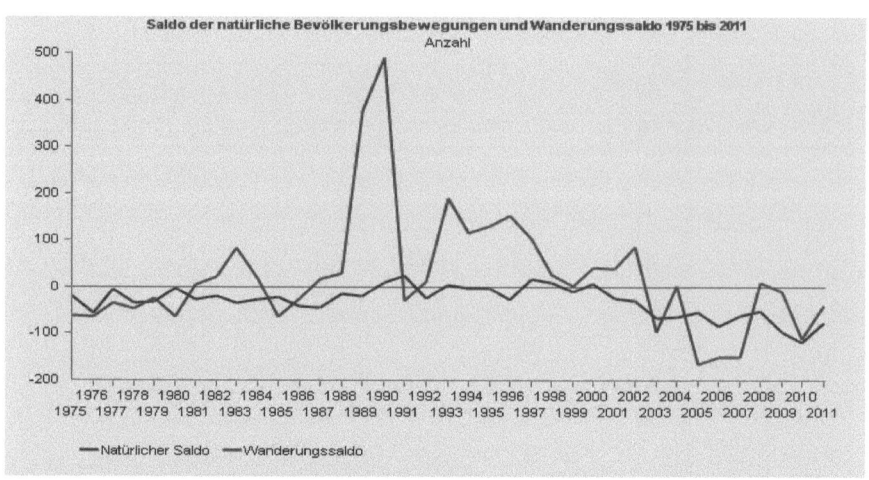

Abb. 6: Saldo der natürlichen Bevölkerungsbewegung und Wanderungssaldo 1975-2011.
Quelle:
http://www.infothek.statistik.rlp.de/neu/MeineHeimat/zeitreihe.aspx?l=2&id=3153&key=07131
01&kmaid=86&zmaid=939&topic=4095&subject=223; (19.02.2013).

Auch die Altersstatistik verrät keine gute Entwicklung der Verbandsgemeinde. Immer mehr alte Menschen und, die negative Entwicklung verstärkend, immer weniger Kinder und Jugendliche.

	2002	2011	2002 in %	2011 in %
Personen < 16	2618	1835	17,9	13,8
Personen > 80	742	896	5,1	6,8

Tabelle 3: Altersstatistik der Personen unter 16 Jahren und über 80 Jahren;
Quelle: Daten des Statistischen Bundesamtes Rheinland-Pfalz; eigene Darstellung.

„Der demographische Wandel in der Eifel ist nicht anders als in ganz Deutschland", so die Ortsbürgermeisterin von Herschbroich. Sie fügt jedoch hinzu, dass dieser Trend nicht alle Teile der Verbandsgemeinde betrifft. So hat Herschbroich „trotz eines Alterheims eine ausgeglichenen

Einwohnerstand. Will heißen Kinder und Jugendliche bis 16 Jahre gibt es genauso viele wie Senioren über 65 Jahre [...].*[68]

Jedoch ist der Trend in der gesamten Verbandsgemeinde negativ, sodass hier das versäumte Engagement zur Förderung der Attraktivität für junge Menschen und Familien zu Tage kommt.

Wie sieht nun die Zukunft von Adenau aus? Im Jahre 2006 wurde eine Bevölkerungsvorausberechnung bis zum Jahr 2020 vom Land Rheinland Pfalz getätigt. Da diese Berechnungen bis heute stimmen, lässt sich mit hoher Wahrscheinlichkeit sagen, dass die Vorausberechnungen bis 2020 wohl zutreffen werden. Dies bedeutet für Adenau, dass der Trend die nächsten acht Jahre noch anhalten wird. Im Jahr 2006 waren es 13.970 Einwohner, im Jahr 2020 sollen es nur noch 12.534 Einwohner sein. Wenn man den demographischen Wandel bedenkt, sind diese Zahlen auf den ersten Blick nicht verwunderlich. Die Verbandsgemeinde Adenau, jedoch im Vergleich mit der Großregion, verdeutlicht allerdings die Problematik, die auf die Gemeinde zukommt, erheblich.[69]

	2006	2020
VG. Adenau	100	89,7
Bad Neuenahr Ahrweiler	100	95,5
Remagen	100	100,0
Sinzig	100	99,3
Grafschaft	100	100,2

---

[68] Interview mit Frau Korden Monika, Ortsbürgermeisterin von Herschbroich/Adenau, vom 08.11.2012.
[69] Zahlen beruhen auf der mittleren Variante der zweiten regionalen Bevölkerungsvorausberechnung –bezogen auf Rheinland-Pfalz- hier wird mit einer konstanten Geburtenrate von 1,4 Kindern je Frau, eine bis 2020 um etwa zwei Jahre steigernde Lebenserwartung und ein jährlicher Wanderungsüberschuss in Höhe von etwa 5.000 Personen gerechnet; Vgl.: Rheinland-Pfalz 2020; Zweite kleinräumige Bevölkerungsvorausberechnung (Basisjahr 2006); Seite 6.

VG. Altenahr	100	94,7
VG. Bad Breisig	100	98,1

Tabelle 4: Bevölkerungsvorausberechnung für das Jahr 2020; Messzahl 2006: 100; Quelle: Rheinland-Pfalz 2020, Zweite kleinräumige Bevölkerungsvorausberechnung; eigene Darstellung.

An der Anzahl der Schulen mangelt es hingegen in der Gemeinde weniger. Neben vier Grundschulen befinden sich ebenfalls je eine Realschule Plus, eine Fachoberschule, ein Gymnasium sowie eine Förderschule in der Gemeinde. Die Förderschule, welche sich in Wimbach befindet, ist nach dem Nürburgring benannt. Die Nürburgring GmbH ist ein Hauptsponsor der Schule, welche gegründet wurde, um die Wege für lernbehinderte Schüler zu verkürzen, die ohne diese Schule jeden Tag die lange, und im Winter nicht gerade ungefährliche Fahrt nach Bad Neuenahr Ahrweiler antreten müssten. Insgesamt wohnen in der Verbandsgemeinde 1.864 Schülerinnen und Schüler, wobei nochmals 376 Schüler von anliegenden Ortschaften jeden Tag in die Gemeinde einpendeln.[70]

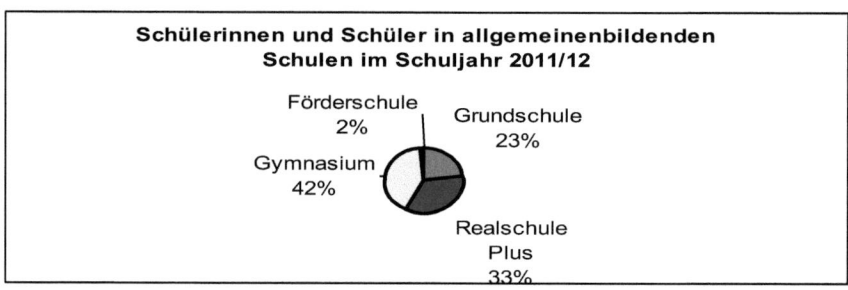

Abb. 7: Schülerinnen und Schüler in allgemeinbildenden Schulen im Schuljahr 2011/12 in Prozent. Quelle: http://www.infothek.statistik.rlp.de/neu/MeineHeimat/detailInfo.aspx?topic=4095&ID=3153& key=0713101&l=2; (19.02.2013); eigene Darstellung.

In der ehemaligen Tuchmacher Gemeinde gab es zum 30.06.2011, 2.970 sozialversicherungspflichtige Beschäftigte am Arbeitsort, wovon 1.396 Frauen und 1.574 Männer waren. Die Zahlen der Arbeitsplätze in der

---

[70] Vgl.: http://www.infothek.statistik.rlp.de/neu/MeineHeimat/detailInfo.aspx?topic=4095&ID=31 53&key=0713 101&l=2; Statistisches Landesamt Rheinland-Pfalz; (23.12.2012).

Verbandsgemeinde haben sich seit 1992 gefestigt, sodass sie sich seit dem um ca. 2.900 Arbeitsplätze[71] eingependelt hat. Ab 2006 ist jedoch ein Einbruch zu verzeichnen, welcher die Zahlen auf einen Tiefststand sinken ließen, wie er seit 1986[72] nicht mehr erreicht wurde. Erst im letzten Jahr der Erfassung konnte sich dieser Tiefststand (2.474 Arbeitsplätze am Arbeitsort) wieder auf einen recht hohen Wert von 2.970 Beschäftigten am Arbeitsort erhöhen. Im Durchschnitt sind die Zahlen seit 1974 steigend.

Jahr:	1974	1984	1994	2004	2011
Beschäftigte am Arbeitsort	2293	2528	2879	2850	2970

Tabelle 5: Entwicklung der Beschäftigten am Arbeitsort in Personen.
Quelle: Daten des Statistischen Landesamtes Rheinland-Pfalz; eigene Darstellung.

Die Zahlen der sozialversicherungspflichtigen Beschäftigten am Wohnort haben sich in den letzten 12 Jahren kaum verändert.

Sozialversicherungspflichtige	insgesamt	Weiblich	Männlich
1999	4423	1630	2793
2011	4379	1834	2545

Tabelle 6: Sozialversicherungspflichtige am Wohnort im Vergleich von 1999-2011;
Quelle: Statistisches Landesamt Rheinland-Pfalz; eigene Darstellung.

An den Zahlen ist aber deutlich der Wandel in unserer Gesellschaft zu erkennen, welcher immer mehr zu einer gleichgeschlechtlichen Arbeitnehmersituation führen wird.

Wenn man dessen ungeachtet wieder die Verbandsgemeinde Adenau mit anderen Verbandsgemeinden (5.104 Sozialversicherungspflichtige

---

[71] +/- 100.
[72] Stand 1986: 2423 Arbeitsplätze am Arbeitsort.

Beschäftigte [73]) vergleicht, stellt man erschreckend fest, wie niedrig dennoch die Zahlen der Beschäftigten in der Gemeinde tatsächlich sind.

Es ist schwer in einem wirtschaftlichen Mittelzentrum mehr Arbeitsplätze zu schaffen. Wenn man die weiten Pendlerwege in die Oberzentren (Koblenz, Trier, Köln) beachtet, ist es verständlich, dass bei einem durchschnittlichen Arbeitnehmergehalt nur wenige diese weiten Wege auf sich nehmen können und die Arbeitslosigkeit der einzige Weg bleibt. Im Jahr 1951 sah dies noch anders aus, es gab in dieser Zeit sogar 151 Einpendler in das Tuchmacher Städtchen. [74]

Durch den Nürburgring wurden nur wenige direkte, dauerhafte Arbeitsplätze geschaffen. Die Arbeitsplätze bei dem Bau oder den Umbauten waren nur von kurzer Dauer. Die Zahl der direkt bei der Nürburgring GmbH beschäftigten Personen liegt bei 31 Arbeitnehmern, welche mit der Verwaltung und der Organisation beschäftigt sind. Auch die jüngsten Umbaumaßnahmen schafften nicht die angekündigten 500 Arbeitsplätze. Im Gegenteil: Vor den Bautätigkeiten waren noch 40-50 Personen am Ring direkt beschäftigt. Lediglich bei Großveranstaltungen wie „Rock am Ring", dem „24 Stunden Rennen" oder der „Formel Eins" steigt die Zahl durch Saisonarbeit erheblich. Jedoch sind diese Jobs meistens Niedriglohnjobs, größtenteils von Studenten in Anspruch genommen. [75]

Die Zahl der Betriebe, welche vom Nürburgring selbst, aber auch von den vielen Veranstaltungen auf der Rennstrecke profitieren, ist erheblich höher. Hier sind natürlich auch die 58 Beherbergungsbetriebe und deren angeschlossenen Gastronomie zu nennen. Allein in dem Ort Müllenbach *„sind 14 Betriebe mit dem Ring verbunden, davon ist die Hälfte dem*

---

[73] Durchschnitt der Verbandsgemeinden gleicher Größenklasse; 10.000 – 20.000 Einwohner am 31.12.2011.
[74] Vgl.: Peter Blum, Dr.: Adenau am Nürburgring – ein städtisches Gemeinwesen seit Jahrhunderten; S.13.
[75] Vgl.: Interview mit Herr Mergen Udo, Ortsbürgermeister von Müllenbach/Adenau, vom 02.11.2012.

Hotelgewerbe zuzuordnen."[76] Die Ortsbürgermeisterin von Herschbroich schätzt die Zahl derer, die vom Ring profitieren auf über 3.500 Arbeitsplätze, weit über die Grenzen der Verbandsgemeinde hinaus. *„Allein in der Stadt Adenau gab es bis Anfang des Jahres 13 Bäckereien – so viel Brötchen und Kuchen können die Einwohner nicht essen"*[77] Auch in den kleinen Ortschaften der Verbandsgemeinde gibt es Unternehmen, welche unmittelbar auf die Nordschleife zurückzuführen sind und sich alle mit dem Motorsport beschäftigen.[78] Weitere Profiteure von der Rennstrecke, vor allem aber von den Besuchern um die Nordschleife herum, sowie den Touristenfahrten, sind die Tankstellen. 1951 gab es bereits acht Tankstellen nur in Adenau Stadt. Noch heute gibt es in der Verbandsgemeinde über 10 Tankstellen und 12 Auto-Service Betriebe allein in Adenau. Das die Unternehmen auch teilweise von den wenigen Großveranstaltungen leben ist mit der Aussage des Inhabers des Rewe - Einkaufmarktes in Adenau belegt: *„An einem Wochenende [in diesem Falle das 24 Stunden – Rennwochenende] machen wir den Getränkeumsatz, welcher ein vergleichbarer Betrieb im gesamten Jahr hat!"* Frau Korden fasst den Kreis noch weiter und nennt auch die vielen Gärtnereien als Nutznießer, welche den Grün- und Blumenschmuck für die Hotels und Gastronomien herstellen.[79]

Im Jahr 1895 gab es noch eine beschauliche Anzahl von nur 257 Häusern in der Verbandsgemeinde Adenau.[80] Die Entwicklung zeigt einen stetigen Aufwärtstrend, sodass es 1987[81] bereits 4.249 Gebäude mit 5.122 Wohnungen gab. Innerhalb der Erfassungszeit kamen fast 1.000 Gebäude hinzu, sodass deren Zahl mittlerweile bei 5.200 angelangt ist. In diesen sind

---

[76] Interview mit Herr Mergen Udo, Ortsbürgermeister von Müllenbach/Adenau, vom 02.11.2012.
[77] Interview mit Frau Korden Monika, Ortsbürgermeisterin von Herschbroich/Adenau, vom 08.11.2012.
[78] Herschbroich: 3 Unternehmen; Honerath: 2 Unternehmen.
[79] Vgl.: Interview mit Frau Korden Monika, Ortsbürgermeisterin von Herschbroich/Adenau, vom 08.11.2012.
[80] Vgl.: Peter Blum, Dr.: Adenau am Nürburgring – ein städtisches Gemeinwesen seit Jahrhunderten; S.12.
[81] Beginn der offiziellen Erfassung der Daten beim Statistischen Landesamt Rheinland-Pfalz.

6.497 Wohnungen untergebracht, wobei nur 181 Gebäude mehr als drei Wohnungen beherbergen. In der Gemeinde gibt es nur wenige leer stehende Wohnungen und Häuser, was unmittelbar mit dem Nürburgring zusammen hängt. *„In der letzten Zeit werden alle leer werdenden Häuser an Ausländer verkauft, die wegen der Rennstrecke in die Region kommen."*[82] So hat dies auch zur Folge, dass *„ein kleiner Ort wie Herschbroich multikulti wird – und das ganz ohne Integrationsprobleme – weil alle ein gemeinsames Interesse haben, den Motorsport."*[83] Dadurch, dass es keine Hausruinen in der Region gibt, nicht so wie in anderen ländlichen Gebieten von Deutschland, entsteht ein positiver Nebeneffekt: die automatische Integration.

Durch die vielen solventen Besitzer, welche wegen des Nürburgrings in die Region kommen, erhöht sich auch der Kraftfahrzeugbestand in der Gemeinde. Viele besitzen mehrere Autos oder zumindest ein Auto, welches nur auf der Rennstrecke bewegt wird. So ergibt sich auch der hohe Personenkraftwagenbestand pro 1.000 Einwohner von 648 Autos. Im Gesamten sind in der Gemeinde 12.126 Kraftfahrzeuge, davon 8.665 Personenkraftwagen angemeldet.[84]

Enorm ist die Anzahl von Kraftfahrzeugen, vor allem an Rennwochenenden, welche in die Region kommen. Es ist zu befürchten, dass durch diese große Anzahl an PKW das Ökosystem gestört wird, bzw. durch die Zuschauer an der Nordschleife die vielen Wildtiere im Nationalpark Eifel erheblich gestört werden. Die Rennstrecke liegt inmitten des größten Vogelschutzgebietes von Rheinland-Pfalz mit 30.207 ha Fläche und beheimatet sogar 83 verschiedene Vogelarten, was allein schon gegen eine Störung des Ökosystems spricht. Des Weiteren gibt es auch viele Beschränkungen vom Land Rheinland-Pfalz, aber auch von den Betreibern der Rennstrecke selbst. Zum Beispiel darf kein

---

[82] Interview mit Frau Korden Monika, Ortsbürgermeisterin von Herschbroich/Adenau, vom 08.11.2012.
[83] Interview mit Frau Korden Monika, Ortsbürgermeisterin von Herschbroich/Adenau, vom 08.11.2012.
[84] Vgl.: http://www.infothek.statistik.rlp.de/neu/MeineHeimat/detailInfo.aspx?topic=4095&ID=3153& key=0713 101&l=2; Statistisches Landesamt Rheinland-Pfalz; (23.12.2012).

Rennbetrieb zwischen 18:00 Uhr und 6:30 Uhr durchgeführt werden.[85] Der Nürburgring war die erste Rennstrecke weltweit, welche schon 1996 wegen seines fortschrittlichen Umweltmanagementsystems die Zertifizierung nach der EG – Öko – Audit - Verordnung erhielt.[86] Um die durch den Wald führende Rennstrecke hat sich ein Artenreichtum angesammelt, wie es sich nur in wenigen Teilen der Republik findet. Die Eifel an sich beheimatet schon ein beeindruckendes Artenreichtum, was in der Verbandsgemeinde Adenau nochmals gesteigert wird. Die Tiere werden kaum in ihrer Lebensweise von der Rennstrecke bzw. den Zuschauern beeinflusst. Durch die Ausweitung von Naturschutzgebieten und den Flora – Fauna – Habitat - Flächen ist die Vielfalt an brütenden Vogelarten[87] höher als noch vor 20 Jahren. Die Rot- und Rehwildpopulationen haben seit dem Bau der Grand Prix Strecke um ein vielfaches zugenommen.[88]

„Was unsere Tiere betrifft sollte man diese nicht unterschätzen, wenn Vögel auf den Leitplanken und Zäune sitzen, Rehe und Hirsche unmittelbar neben der Strecke äsen – dann weiß man, dass auch die Wildtiere sehr wohl einen Unterschied machen zwischen einem Auto was auf der Rennstrecke fährt und dem durch den Wald kommenden Auto (Förster), da laufen sie weg! [...] Die Tiere fühlen sich weder gestört noch belästigt sonst würden sie sich nicht so freudig vermehren."[89]

Auch die Menschen haben sich an die Rennstrecke, den Lärm und die Menschen gewöhnt. Die Liebe zu der Strecke kommt recht gut durch folgendes Zitat von einer 92- jährigen Bewohnerin von Herschbroich zum

---

[85] Ausnahmen wie beim 24 Stunden Rennen, bzw. der Lärmbelästigung bei Rock am Ring ausgenommen; 6 Tage pro Jahr insgesamt.
[86] Vgl.: http://www.nuerburgring.de/ueberuns/mythos-nuerburgring.html; Nürburgring Betriebsgesellschaft mbH; (23.12.2012).
[87] Bsp. Schwarzstorch.
[88] Vgl.: Interview mit Herr Mergen Udo, Ortsbürgermeister von Müllenbach/Adenau, vom 02.11.2012.
[89] Interview mit Frau Korden Monika, Ortsbürgermeisterin von Herschbroich/Adenau, vom 08.11.2012.

Ausdruck: *„Wenn man am Anfang vom Jahr die Motoren von der Rennbahn hört, dann weiß man, dass das Frühjahr kommt. Es ist kein Lärm, eher Musik in unseren Ohren."*

Auch werden viele Investitionen in die erneuerbaren Energien gesteckt. An Windrädern mangelt es zwar in der Verbandsgemeinde noch, aber viele Landwirte haben sich der erneuerbaren Energie verschrieben und produzieren auf allen Gebäuden ihrer Höfe Strom durch Photovoltaik. Am 23. Juli 2010 wurde ein Biomasse Heizkraftwerk zur Wärmeversorgung und Warmwassererzeugung der Gebäude am Nürburgring in Betrieb genommen. Das Heizkraftwerk versorgt man mit Holzschnitzeln aus der Region. Dies bedeutet, dass jedes Jahr 3.000 Tonnen Holz benötigt werden, 160 Lastzüge, um die 7.500 Megawattstunden zu decken.[90] *„Eine enorme ökologische Ressourcenverschwendung."*[91]

3.3 Der Tourismus durch den Nürburgring geprägt

„Die Eifel ist kein unwirkliches Land, weder so einförmig wie der Hunsrück, noch so rau und wüst wie der Westerwald; sein Plateau unterbrechen zahlreiche tief und eng eingeschnittene Täler und vulkanische Kegel, die aus ihm hervorragen, geben ihm Mannigfaltigkeit, Schönheit und Größe. Neben diesen malerischen Reizen, die bei Manderscheid, Daun und Gerolstein wahrlich nicht gering anzuschlagen sind, bieten seine Burgen, Klöster und Kirchen ein großes romantisches Interesse. Wir fühlen uns in einem Land alter Kultur."[92] Nach den ersten Jahren der Rheinromantik des 19. Jahrhundert und dem daraus folgenden Tourismusboom, entdeckte man nun langsam die Schönheit der Eifellandschaft. Im letzten Drittel des Jahrhunderts

---

[90] Vgl.:http://www.rwe.com/web/cms/de/37110/rwe/pressenews/pressemitteilungen/pressemit teilungen/?pmid= 4005158; RWE Pressemitteilung vom 26.07.2010; (23.12.2012).
[91] Frau Evelin Lemke, Bundes 90/ Die Grünen; Rede zur Lage über den Nürburgring im Landtag.
[92] Karl Simrock: Der Rhein; Borowsky; München 1844.

folgten erste Bemühungen die eigenen Ortschaften für den Fremdenverkehr zu öffnen. Somit wurde den einheimischen Menschen eine neue finanzielle Quelle eröffnet.[93]

Viele Einwohner erhofften sich ein zweites Standbein und eröffneten Pensionen, Gästehäuser oder Gaststätten. Die Männer gingen der körperlich harten Arbeit (Landwirtschaft) nach und die Frauen versorgten die Gäste.

Bevor wir uns der Tourismusbranche in der Verbandsgemeinde Adenau nähern, müssen die Auswirkungen der Touristen auf das gesamte Land Rheinland-Pfalz ausgelegt werden.

Laut der Welttourismusorganisation UNWTO ist Tourismus durch folgende Merkmale geprägt: *„...die Aktivitäten von Personen, die an Orte außerhalb ihrer gewohnten Umgebung reisen und dort zu Freizeit; Geschäfts- oder bestimmten anderen Zwecken nicht länger als ein Jahr ohne Unterbrechung aufhalten."[94]*

In Rheinland-Pfalz wurden mehr als 5% der Gäste und Übernachtungen in deutschen Beherbergungsbetrieben im Jahr 2010 gezählt. Bezogen auf 1000[95] Einwohner kamen 1918 Gäste nach Rheinland-Pfalz, im Vergleich zu 1712 Gästen pro 1000 Einwohner im gesamten Bundesgebiet.[96]

Der Tourismus ist somit in Rheinland-Pfalz ein bedeutender Wirtschaftszweig der sich im Laufe der Zeit immer weiter entwickelt und professionalisiert hat. Durch viele Arbeitsplätze leistet er einen wesentlichen Beitrag zum Bruttoinlandsprodukt. Durch die Tangierung vieler Wirtschaftszweige lässt sich die Zahl derer, die tatsächlich vom Tourismus leben, nur schwer

---

[93] Vgl.: Renn Heinz: Die Eifel – Wanderung durch 2000 Jahre Geschichte, Wirtschaft und Kultur; S. 173.
[94] Definition von Tourismus nach der Welttourismusorganisation UNWTO.
[95] Die Messzahlen Gäste- und Übernachtungsintensität beziehen die Gästeankünfte bzw. die Übernachtungen auf 1 000 Einwohner und dienen als Indikator für die relative Bedeutung des Tourismus in einer Region.
[96] Vgl.: http://www.infothek.statistik.rlp.de/neu/MeineHeimat/detailinfo.aspx?id=3 152&key =07&topic=767&l=0; Statistisches Landesamt Rheinland-Pfalz; (23.12.2012).

beziffern. Jedoch lässt sich sagen, dass der Wirtschaftszweig des Gastgewerbes der wichtigste Anbieter touristischer Leistungen ist.[97]

Mit 99.000 Erwerbstätigen in Rheinland-Pfalz erwirtschaftet das Gastgewerbe eine Bruttowertschöpfung in Höhe von 1,8 Milliarden Euro. Zwischen den Jahren 1991 und 2008 hat sich diese Wertschöpfung verdoppelt, wobei sich die Zahl der Beschäftigten um 37.000 Erwerbstätige erhöht hat.

Die durchschnittliche Verweildauer ist, wie in fast allen Bundesländern, gesunken. Die Gäste hielten sich im Durchschnitt 2,7 Tage im Bundesland auf (Deutschlandweiter Durchschnitt: 2,7 Tage). Anfang der 90er war die Verweildauer eines Gastes noch bei 3,4 Tagen.[98] Der Trend des Kurzurlaubes setzt sich auch in den ländlicheren Gegenden immer weiter durch.

Den ausländischen Gästen kommt ein überdurchschnittlich hoher Bedeutungsgrad zu. Im Durchschnitt sind in Deutschland 15,9% der Gäste aus dem Ausland, in Rheinland-Pfalz hingegen 26,2% aller Gäste. Lediglich bei den Reisenden, welche es in den Berliner Raum zieht, sind mehr ausländische Gäste, 40,9%, dabei. Dieser hohe Anteil an ausländischen Reisenden lässt sich aber durch die vielen Touristen aus den Niederlande (672.600 Gäste), Belgien (299.400 Gäste) und Frankreich begründen. Die Zahl der Ausländischen Gäste hat sich seit 1992 um 70% gesteigert, die der inländischen Besucher nur um fast 30%.[99] Die Steigerung der Zahl der ausländischen Gäste ist mit dem wirtschaftlichen Aufschwung Anfang der 90er Jahre, dem Schengener Abkommen 1995 sowie der Einführung der einheitlichen Währung im Jahre 2002 zu erklären.

---

[97] Vgl.: Tourismus in Rheinland-Pfalz – Strukturen und Entwicklung im Land und in den Tourismusregionen; in: Statistik nutzen; Statistisches Landesamt Rheinland-Pfalz, Bad Ems 2011; S. 23.
[98] Vgl.: Tourismus in Rheinland-Pfalz – Strukturen und Entwicklung im Land und in den Tourismusregionen; in: Statistik nutzen; Statistisches Landesamt Rheinland-Pfalz, Bad Ems 2011; S.45.
[99] Vgl.: Tourismus in Rheinland-Pfalz – Strukturen und Entwicklung im Land und in den Tourismusregionen; in: Statistik nutzen; Statistisches Landesamt Rheinland-Pfalz, Bad Ems 2011; S. 48.

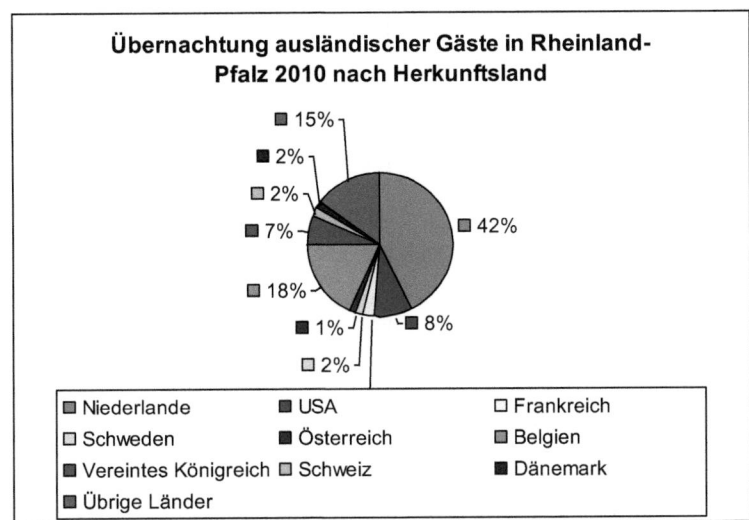

Abb. 8: Übernachtung ausländischer Gäste in Rheinland-Pfalz 2010 nach Herkunftsland
Quelle: Tourismus in Rheinland-Pfalz – Strukturen und Entwicklung im Land und in den Tourismusregionen; eigene Darstellung.

Insgesamt gab es in Rheinland-Pfalz 2890 Beherbergungsbetriebe mit rund 238.700 Schlafgelegenheiten. Den größten Anteil von diesen bilden Hotels (35,1%), gefolgt von Pensionen (16,3%).

Über 61 Betten, zwei weniger als im Bundesdurchschnitt, verfügt ein Betrieb im Durchschnitt. Bei der Auslastung dieser Schlafgelegenheiten bildet Rheinland-Pfalz das Schlusslicht.

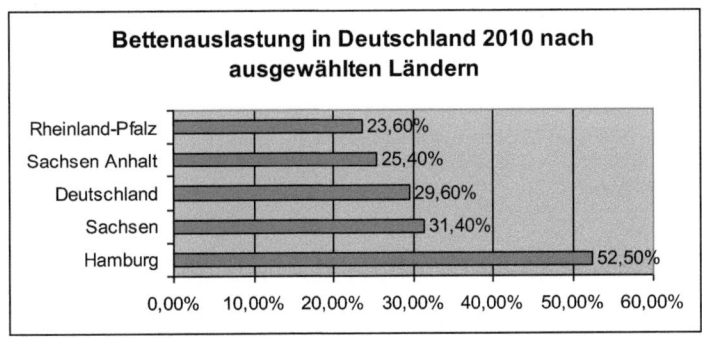

Abb. 9: Bettenauslastung in Deutschland 2010 nach ausgewählten Ländern
Quelle: Tourismus in Rheinland-Pfalz – Strukturen und Entwicklung im Land und in den Tourismusregionen; eigene Bearbeitung.

Nähern wir uns nun dem direkten Einzugsgebiet des Nürburgringes indem wir die „Tourismusregion Ahr",[100] mit der Stadt Bad Neuenahr Ahrweiler, der Verbandsgemeinde Altenahr Brohtal sowie der Verbandsgemeinde Adenau, genauer betrachten.

Die Tourismusregion umfasst 717 Quadratkilometer und 70 Städte mit 99.500 Einwohnern, 2,5% der Gesamtbevölkerung von Rheinland-Pfalz. Zu den bevölkerungsstärksten Orten zählen Bad Neuenahr Ahrweiler (27.400 Einwohner), Sinzig (17.400 Einwohner) sowie die Gemeinde Grafschaft (10.900 Einwohner). Die Tourismusmagneten sind in der Region der Kurort Bad Neuenahr Ahrweiler mit seinen ganzheitlichen Gesundheitsangeboten und einer guten Hotellerie sowie der Nürburgring mit seinen vielen Veranstaltungen. Fast zwei/drittel aller Übernachtungen in der Region fallen auf die Kurstadt Bad Neuenahr Ahrweiler.

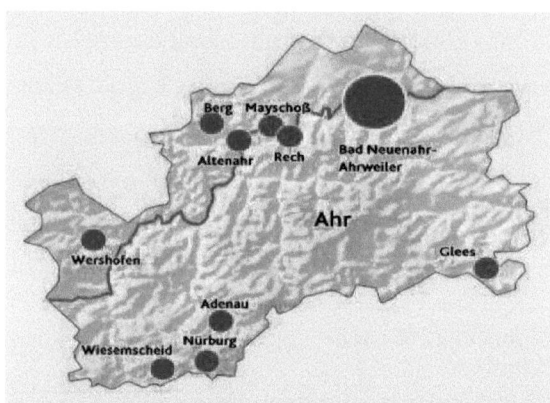

Die zehn Orte mit den höchsten Übernachtungszahlen in der Tourismusregion Ahr 2010

Bad Neuenahr Ahrweiler: 600.000 und mehr

Nürburg, Adenau, Wiesemscheid: 200.000 – 400.000

Abb. 10: Die zehn Orte mit den höchsten Übernachtungszahlen in der Tourismusregion Ahr 2010
Quelle: Tourismus in Rheinland-Pfalz – Strukturen und Entwicklung im Land und in den Tourismusregionen; eigene Darstellung.

Rund 441.900 Übernachtungsgäste verweilten in der Region. Im Schnitt blieben diese 2,8 Tage, sodass 1,2 Millionen Übernachtungen registriert

---

[100] Vgl.: Tourismus in Rheinland-Pfalz – Strukturen und Entwicklung im Land und in den Tourismusregionen; in: Statistik nutzen; Statistisches Landesamt Rheinland-Pfalz, Bad Ems 2011; S. 23.

werden konnten. In der Jahresverteilung ist zu erkennen, dass die Gäste die Monate Mai bis Oktober bevorzugten. Mehr als 83% der Gäste kommen aus dem Inland, wobei die Zahl der ausländischen Gäste immer weiter wächst. Jedoch konnten immer weniger Gäste aus den Niederlande (minus 15% in den letzten 20 Jahren) begrüßt werden, wohingegen die Bedeutung der Besucher aus Großbritannien weiter zunimmt (plus von 3% in den letzten 20 Jahren).

Das Spiel „Angebot und Nachfrage" lässt sich auch in der Tourismusregion an den Betriebsgrößen und der Betriebsanzahl erkennen. Im Jahre 1990 waren es noch 230 Betriebe mit mehr als acht Schlafgelegenheiten, hingegen im Jahr 2010 nur noch 190 Betriebe. Hier muss man allerdings ins Auge fassen, dass die Zahl der Vorsorge- und Rehabilitationseinrichtungen in den letzten 20 Jahren von 15 Betrieben auf acht Einrichtungen reduziert wurde. Gleichzeitig wurden die Betriebe hingegen immer Größer. Die Zahl der Fremdenbette nahm in der Zeit um 27% zu, sodass ein Betrieb im Jahr 2010 durchschnittlich 60 Betten zur Verfügung hatte.

Durch die hohe Auslastung der Kliniken in der Region (86%) ergibt sich auch der hohe Auslastungsgrad der vorhandenen Betten von 35% (Landesdurchschnitt 31%). Daher liegt die Tourismusregion Ahr auf Rang eins unter den Tourismusregionen des Landes.

In der Verbandsgemeinde Adenau lag die durchschnittliche Verweildauer der Gäste im Jahr 1976 noch bei 3,2 Tagen. Im Laufe der Zeit sank diese jedoch drastisch, sodass sie mittlerweile bei nur noch 1,9 Tagen pro Gast liegt.

Jahr	1976	1986	1996	2006	2011
Aufenthaltsdauer in Tagen	3,2	2,5	2,3	2,0	1,9

Tabelle 7: Durchschnittliche Aufenthaltsdauer der Gäste in Tagen von 1976 bis 2011
Quelle: Statistisches Landesamt Rheinland-Pfalz, eigene Darstellung.

„In den 70er Jahren als im Ruhrgebiet bescheidener Wohlstand aufkam –
waren die Übernachtungszahlen in unserem Ort (Herschbroich) – man kann
nicht sagen höher aber anders – es kamen Familien mit Kindern um Urlaub
zu machen und sie blieben auch länger. Heute kommen Renngäste für ein
bis zwei Nächte[...]."[101] Viele Gäste, die in die Verbandsgemeinde reisen,
besuchen Veranstaltungen am Nürburgring, welche meist nur über ein
Wochenende laufen und selten mehr Übernachtungen erfordern. Das Hotel
Rieder, in Wiesemscheid gelegen, meint dazu: *„Die Auslastung ist von Mitte
März bis Mitte November an den Wochenenden gut. In der Woche ist es zum
Teil gut, da wir auch von Lehrgängen und dem Industriepool gut besucht
werden."*[102] Nur wenige Veranstaltungen laufen über eine komplette Woche
*„-wobei man Wertigkeiten machen muß. Das 24 Std. Rennen beschert uns in
der Regel eine ganze Woche Vollbelegung, wobei beim Formel-Eins Rennen
die Übernachtungen selten mehr als ein bis zwei Nächte gebucht werden –
wegen des (mangelnden) Rahmenprogramms. Auch das Rockfestival lockt
mehr Camper in die Region – nur Weicheier gehen ins Zimmer! Doch auch
hier sind die Zimmer belegt, allerdings mit Funktionären."* [103] Die Anzahl der
Gäste, welche die Verbandsgemeinde besuchen, hat sich stark verändert. Mit
28.393 Gästen im Jahr 1976 liegt hier der niedrigste Wert. Die Zahl hat sich
bis zum Jahre 2011 auf 127.068 Gäste mehr als vervierfacht. Trotz der
gesunkenen Aufenthaltsdauer konnte die Zahl der Übernachtungen dennoch
mehr als verdoppelt werden.

---

[101] Interview mit Frau Korden Monika, Ortsbürgermeisterin von Herschbroich/Adenau, vom
08.11.2012.
[102] Interview mit Frau Hamstengel Brigitte, Leiterin Hotel Rieder Wiesemscheid, vom 17.09.2012.
[103] Interview mit Frau Korden Monika, Ortsbürgermeisterin von Herschbroich/Adenau, vom
08.11.2012.

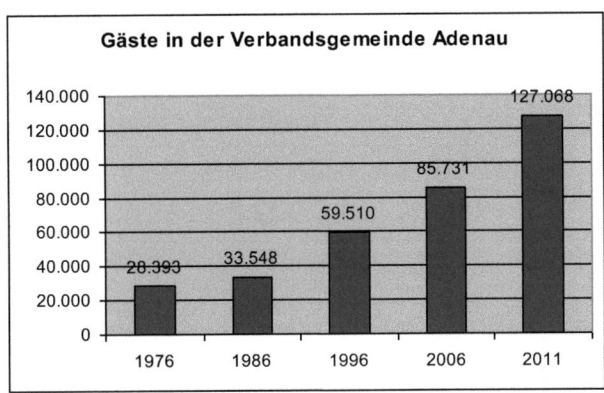

Abb. 11: Entwicklung der Anzahl der Gäste in der Verbandsgemeinde Adenau von 1976 bis 2011
Quelle: Statistisches Landesamt Rheinland-Pfalz; eigene Darstellung

Fast ein drittel der Besucher kamen im Jahr 2011 schon aus dem Ausland (31.017 Gäste). Im Jahr 1967 machten diese nur ein Viertel der Gesamtbesucherzahl aus. Auch hier ist die gestiegene Popularität des Nürburgringes im Ausland maßgebend. Im Gegensatz zum landesweiten Trend hat sich die Anzahl der Betriebe vergrößert. Nach einem Höchststand im Jahr 1984 von 63 Betrieben ist sie nunmehr bei 58 Betrieben aber wie in Herschbroich sind nur wenige Hotels in den kleineren Ortschaften vorhanden „-aber Frühstückspensionen. Die Zahl der Betten hat sich allerdings im Laufe der vergangenen 30 Jahre ca. um die Hälfte verringert – was aber nicht auf den Neubau am Ring zurückzuführen ist, sondern auf der Tatsache, dass heute viele Frauen berufstätig sind und somit für die Beherbergung der Gäste keine Zeit mehr bleibt."[104]

Im Unterschied zu den einzelnen Ortschaften, ist insgesamt in der Verbandsgemeinde, die Fremdenbettenanzahl, genauso wie die Betriebsanzahl, gestiegen. Nunmehr stehen 2834 Betten zur Verfügung, pro Betrieb im Durchschnitt 49 Betten.

---

[104] Interview mit Frau Korden Monika, Ortsbürgermeisterin von Herschbroich/Adenau, vom 08.11.2012.

Jahr	Betriebe	Fremdenbetten	Auslastung des Bettenangebots in %
1976	49	1446	17,1
1986	57	1871	12,5
1996	51	1797	21,2
2006	48	1962	24,4
2011	58	2834	23,5

Tabelle 8: Betriebe, Fremdenbette und deren Auslastung in % im Vergleich von 1976 bis 2011
Quelle: Statistisches Landesamt Rheinland-Pfalz; eigene Darstellung.

Nachdem der Auslastungsgrad der Betten 1976 noch bei 17,1% war, sank dieser im Jahre 1986 auf den Tiefststand von nur 12,5%. Seit diesem Tiefststand steigerte sich aber die Auslastung kontinuierlich, sodass mittlerweile eine Auslastung des Bettenangebots von 23,5% vorhanden ist.

Die Tourismusregion Ahr ist im längerfristigen Vergleich überdurchschnittlich entwickelt, wobei dieses wohl auf die vergleichsweise hohe Betten- und Übernachtungsanteil der Vorsorge- und Rehabilitationskliniken in der Region zurückzuführen ist. Mit einer Bettenauslastung von 86% scheint die Zahl der Hotellerieauslastung von knapp 35% sehr gering, jedoch im landesweiten Vergleich relativiert sich diese Zahl wieder erheblich. Die Tourismusregion Ahr liegt daher auch auf Rang eins mit diesem hohen Auslastungsgrad im Land.[105]

Die Auswirkungen der Rennstrecke auf die Umgebung kann keine so hohen Zahlen bewirken wie die Kurbetriebe in und rund um Bad Neuenahr Ahrweiler. Jedoch ist der Einfluss des Nürburgringes aus Touristischer Sicht auf die Region nicht zu Unterschätzen. Wenn man bedenkt, dass ohne die

---

[105] Vgl.: Tourismus in Rheinland-Pfalz – Strukturen und Entwicklung im Land und in den Tourismusregionen; in: Statistik nutzen; Statistisches Landesamt Rheinland-Pfalz, Bad Ems 2011; S. 63.

Rennstrecke in der Verbandsgemeinde Adenau keine touristischen Höhepunkte zu finden sind, von der allgemeinen Naturschönheit der Eifel einmal abgesehen. Ziele wie die Hohe Acht, als höchste Erhebung der Eifel, oder der Namensgeber des Nürburgringes, die Burg Nürburg, würden eine kaum bemerkbare Besucheranzahl in die Region ziehen. Somit wären auch die 58 Übernachtungsbetriebe in der Verbandsgemeinde ohne die Strecke nicht vorhanden. Ein Beispiel wie es rund um Adenau aussehen könnte, zeigt die Verbandsgemeinde Bad Breisig im süd-östlichen Zipfel des Landkreises gelegen. Mit 17 Übernachtungsbetrieben, 1074 Fremdenbetten und einem Auslastungsgrad von 21,2% kann diese Verbandsgemeinde nicht mit der Konkurrenz mithalten.[106] Auch kann keine andere Region in der Eifel mit der Popularität des Nürburgringes im Ausland mithalten. Überall auf der Welt ist dieser Ort ein Begriff und es lässt sich ausgezeichnet Werbung damit betreiben. Die meisten ausländischen Gäste reisen nur wegen des Erlebens der Strecke in die Eifel.

---

[106] Statistische Berichte 2012; in: in: Statistik nutzen; Statistisches Landesamt Rheinland-Pfalz, Bad Ems 2012; S. 18.

4. Schluss

Der Nürburgring ist seit dem Spatenstich der dominierende wirtschaftliche Faktor für die gesamte Region. Die Rennstrecke verschlang riesige Unterhalts- und Betriebskosten im Laufe der Jahre, was wohl auch durch die ungewöhnliche Länge und Lage der Strecke zu begründen ist. Dennoch haben sich diese Investitionen, wie diese Arbeit begründet hat, mehr als bezahlt gemacht. Für die Verbandsgemeinde Adenau ist die Rennstrecke mehr als ein Segen. Anhand von vielen Kriterien wurde in der vorliegenden Arbeit die Thematik aufgearbeitet ob der Nürburgring und die angeschlossene Nordschleife, ein Fluch, oder eher ein wirtschaftlicher Segen für die Region, genauer für die Verbandsgemeinde Adenau ist. Die Verbandsgemeinde könnte, ohne den Bau der Rennstrecke im Jahre 1926, nur wenig Anreize bieten. Nicht nur aus touristischen Blickwinkeln lässt sich sagen, dass viele Menschen von dem Bau der Rennbahn profitiert haben und immer noch profitieren. Viele der heutigen Bewohner der Gemeinde sind nur wegen dem Nürburgring in diese Gegend gezogen, wodurch die Häuser kaum leer stehen und viele Nationen ihren Platz finden. Auch kleinere Unternehmen profitieren davon, denn der tägliche Bedarf wird oft durch diese Läden gedeckt, da die nächste Großstadt weit entfernt ist.

Dennoch ist der bundesweite demographische Wandel auch in der Eifel spürbar. Die meisten Menschen zieht es in urbanes Gebiet. Wobei dieser Trend in abgeschwächter Form, wohl auch durch den Nürburgring, stattfindet. Viele Schulen jeglicher Art bieten Platz für den Nachwuchs, allerdings fehlt es den Jugendlichen oft an Freizeitbeschäftigungen. Hier besteht in den meisten Ortschaften erheblicher Handlungsbedarf um die Kinder und Jugendlichen zu fördern. Für Schüler ist es unabdingbar einen schnellen Zugang zum Internet zur Verfügung zu haben, was sich in manchen Orten der Region als problematisch erweist.

Die Landwirtschaftlichen- und Forstwirtschaftlichen Betriebe sind durch die Rennstrecke ebenso nicht gestört. Viele Brücken und Unterführungen bieten ihnen genügend Platz um auf ihre Arbeitsflächen zu gelangen. Im Gegenteil, dadurch, dass die Nordschleife durch viele Wälder führt, bietet diese genügend Platz für eine blühende Flora und Fauna am Streckenrand. Diese Fläche fällt keiner anderen Nutzung zum Opfer.

Auch das Ökosystem leidet nur wenig unter dem Einfluss des Rennbetriebes, was durch ein Artenreichtum bestätigt wird.

Aus wirtschaftlicher Sicht ist der Nürburgring eindeutig ein Segen für die Verbandsgemeinde Adenau, den es auch in den kommenden Jahren zu pflegen und überlegt zu unterstützen gilt. Ohne Zweifel ist die momentane Entwicklung um den Nürburgring nicht förderlich, weder für die Rennstrecke, noch für die Region, und erst recht nicht für die Politiker, welche durch ihr Handeln um den Nürburgring herum ihren Sitz räumen mussten.

Dennoch sollte im zukünftigen Handeln der Politiker beachtet werden, welche Auswirkungen es hätte, wenn die Region auf einmal ohne die berüchtigte Rennstrecke auskommen müsste.

Die Folgen wären Fatal!

Literatur- und Quellenverzeichnis

Literatur

BEHRNDT, Michael / FÖDISCH, Jörg-Thomas:
Kleiner Kreis – Großer Ring: Adenau und der Bau des Nürburgrings;
marzellen Verlag; Köln

BEHRNDT, Michael / FÖDISCH, Jörg-Thomas:
Nürburgring 75 Jahre – Eine Rennstrecke im Rückspiegel; HEEL Verlag;
Königswinter 2002

BLUM, Peter, Dr.:
Adenau am Nürburgring – ein städtisches Gemeinwesen seit Jahrhunderten;
Verlag der Stadt Adenau; Adenau 1952

FRANKENBERG, von Richard:
Der Nürburgring; Moderne Verlags GmbH; München 1965

FÖDISCH, Jörg-Thomas / OSTROVSKY, Robert:
Grüne Hölle Nürburgring: Eine Bild- und Text-Dokumentation; Brühlscher
Verlag; Gießen 1995

HORNUNG, Thora:
Die Nürburgring-Story: 60 Jahre Rennsport–Faszination; Motorbuch Verlag;
Stuttgart 1987

LIEDTKE, H. / MARCINEK, J. (Hrsg.):
Physische Geographie Deutschlands. Gotha, Stuttgart 2002

RENN, Heinz:
Die Eifel – Wanderung durch 2000 Jahre Geschichte, Wirtschaft und Kultur;
Eifelverein e. V.; Düren 1992

RICHTER, Dieter:
Allgemeine Geologie; Walter de Gruyter & Co.; Berlin New York 1992

SIMROCK, Karl:
Der Rhein; Borowsky; München 1844

Quellen

Tourismus in Rheinland-Pfalz – Strukturen und Entwicklung im Land und in den Tourismusregionen; in: Statistik nutzen; Statistisches Landesamt Rheinland-Pfalz, Bad Ems 2011

Verwaltungsbericht des Kreises Adenau; Gebirgsautobahn Nürburg – Ring – Erläuterungsbericht zu dem Gebirgsrennstraßenprojekt im Kreise Adenau (Rheinland); 1926

Zeitschrift Automobil-Welt; 28. Juni 1907; Motorsport Verlag Stuttgart.

Regierungsbaumeister Schoper in: Der Nürburg-Ring; Nr. 12; Oktober 1927; Landkreis Adenau (Eifel)

Rheinland-Pfalz 2020; Zweite kleinräumige Bevölkerungsvorausberechnung (Basisjahr 2006)

Informationsmappe zum Nürburg-Ring; S. 11; Landeshauptarchiv Koblenz; Bestand 714 Nr. 6912

Streckenkonzept von Gustav Eichler in: Nürburgring (Plan, Bau, Betrieb); Landeshauptarchiv Koblenz; Bestand 537,031, Nr.: 103

Baurat Gustav Eichler in: Der Nürburg-Ring; Nr. 12; Oktober 1927; Landkreis Adenau (Eifel)

Briefverkehr von Staatskanzlei Rheinland-Pfalz Dr. Schmitz, als Vorsitzender des Aufsichtsrates der Nürburgring GmbH, an Staatssekretär Alfons Schwarz, Minister für Wirtschaft und Verkehr; In: Planung einer Kurzstrecke auf dem Nürburgring Band 1; Landeshauptarchiv Koblenz; Bestand 860, Nr.: 10895

Internetquellen

http://www.eifelnatur.de/Deutsch/eifelnatur-sites/Allgemeines_Eifel.html; 23.12.2012.

http://www.nuerburg-quelle.de/; 23.12.2012;

www.nordschleifologie.de; (23.12.2012).

http://www.infothek.statistik.rlp.de/neu/MeineHeimat/detailInfo.aspx?topic=40 95&ID=3153&key= 0713101&l=2; Statistisches Landesamt Rheinland-Pfalz; (23.12.2012).

http://www.infothek.statistik.rlp.de/neu/MeineHeimat/zeitreihe.aspx?l=0&id=3
152&key=07&kmaid=0 &zmaid=939&topic=767&subject=11; Statistisches
Landesamt Rheinland-Pfalz; (23.12.2012).

http://www.infothek.statistik.rlp.de/neu/MeineHeimat/zeitreihe.aspx?l=2&id=3
153&key=07 13101&kmaid= 86&zmaid=939&topic=4095&subject=20;
Statistisches Landesamt Rheinland-Pfalz; (23.12.2012).

http://www.infothek.statistik.rlp.de/neu/MeineHeimat/detailInfo.aspx?topic=40
95&ID=31 53&key=0713 101&l=2; Statistisches Landesamt Rheinland-Pfalz;
(23.12.2012).

http://www.infothek.statistik.rlp.de/neu/MeineHeimat/detailInfo.aspx?topic=40
95&ID=3153&key=0713 101&l=2; Statistisches Landesamt Rheinland-Pfalz;
(23.12.2012).

http://www.nuerburgring.de/ueberuns/mythos-nuerburgring.html; Nürburgring
Betriebsgesellschaft mbH; (23.12.2012).

http://www.rwe.com/web/cms/de/37110/rwe/pressenews/pressemitteilungen/p
ressemitteilungen/?pmid= 4005158; RWE Pressemitteilung vom 26.07.2010;
(23.12.2012).

http://www.infothek.statistik.rlp.de/neu/MeineHeimat/detailinfo.aspx?id=3
152&key=07&topic=767&l=0; Statistisches Landesamt Rheinland-Pfalz;
(23.12.2012).

Abbildungen

Abbildung 1:
Eifelkarte; aus: http://www.eifelreise.de/index.php/eifelkarte (19.02.2013)

Abbildung 2:
Klimadiagramm Nürburgring 2006; aus:
http://upload.wikimedia.org/wikipedia/comm ons/e/ef/Klim adiagramm-
Nuerburg_%28Eifel%29-Deutschland-metrisch-deutsch.png; (19.02.2013);
nach eigener Bearbeitung.

Abbildung 3:
Der Nürburgring, 1.6.1936; aus: Jörg-Thomas Födisch / Robert Ostrovsky:
Grüne Hölle Nürburgring, Eine Bild- und Text-Dokumentation; Brühlscher
Verlag Gießen; 1995; S. 9

Abbildung 4:
Streckenverlauf der Grand Prix Strecke, 1984; aus: Jörg-Thomas Födisch /
Robert Ostrovsky: Grüne Hölle Nürburgring, Eine Bild- und Text-
Dokumentation; Brühlscher Verlag Gießen; 1995; S. 23; nach eigener
Bearbeitung.

Abbildung 5:
Verbandsgemeinde Adenau mit den 37 angeschlossenen
Verbandsgemeinden; aus: http://bilder.kreis-ahrweiler.de/portal/karte-
altenahr.html; (19.02.2013).

Abbildung 6:
Saldo der natürlichen Bevölkerungsbewegung und Wanderungssaldo 1975 -
2011; aus:
http://www.infothek.statistik.rlp.de/neu/MeineHeimat/zeitreihe.aspx?l=2&id=3
1 53&key=07131 01&kmaid=86&zmaid=939&topic=4095&subject=223;
(19.02.2013).

Abbildung 7:
Schülerinnen und Schüler in allgemeinbildenden Schulen im Schuljahr
2011/12 in Prozent;
aus:http://www.infothek.statistik.rlp.de/neu/MeineHeimat/detailInfo.aspx?topi
c=4095&ID=3153& key=0713101&l=2; (19.02.2013); eigene Darstellung.

Abbildung 8:
Übernachtung ausländischer Gäste in Rheinland-Pfalz 2010 nach
Herkunftsland; aus: Tourismus in Rheinland-Pfalz – Strukturen und
Entwicklung im Land und in den Tourismusregionen; in: Statistik nutzen;
Statistisches Landesamt Rheinland-Pfalz, Bad Ems 2011; S. 48; eigene
Darstellung.

Abbildung 9:
Bettenauslastung in Deutschland 2010 nach ausgewählten Ländern; aus:
Tourismus in Rheinland-Pfalz – Strukturen und Entwicklung im Land und in
den Tourismusregionen; in: Statistik nutzen; Statistisches Landesamt
Rheinland-Pfalz, Bad Ems 2011; S. 23; eigene Bearbeitung.

Abbildung 10:
Die zehn Orte mit den höchsten Übernachtungszahlen in der
Tourismusregion Ahr 2010
Quelle: Tourismus in Rheinland-Pfalz – Strukturen und Entwicklung im Land
und in den Tourismusregionen; in: Statistik nutzen; Statistisches Landesamt
Rheinland-Pfalz, Bad Ems 2011; S. 53; eigene Darstellung.

Abbildung 11:
Entwicklung der Anzahl der Gäste in der Verbandsgemeinde Adenau von 1976 bis 2011; aus Daten des Statistischen Landesamtes Rheinland-Pfalz; eigene Darstellung.

Tabellen

Tabelle 1:
Einwohnerzahlen der Verbandsgemeinde Adenau 1950-2011; aus: Daten des Statistischen Landesamtes Rheinland-Pfalz; eigene Darstellung.

Tabelle 2:
Entwicklung der Einwohnerzahlen von 1970-2000, Kennzahl 1970: 100; aus: Daten des Statistischen Landesamtes Rheinland-Pfalz; eigene Darstellung.

Tabelle 3:
Altersstatistik der Personen unter 16 Jahren und über 80 Jahren; aus: Daten des Statistischen Bundesamtes Rheinland-Pfalz; eigene Darstellung.

Tabelle 4:
Bevölkerungsvorausberechnung für das Jahr 2020; Messzahl 2006: 100; aus: Rheinland-Pfalz 2020, Zweite kleinräumige Bevölkerungsvorausberechnung; eigene Darstellung.

Tabelle 5:
Entwicklung der Beschäftigten am Arbeitsort in Personen; aus: Daten des Statistischen Landesamtes Rheinland-Pfalz; eigene Darstellung.

Tabelle 6:
Sozialversicherungspflichtige am Wohnort im Vergleich von 1999-2011; aus: Statistisches Landesamt Rheinland-Pfalz; eigene Darstellung.

Tabelle 7:
Durchschnittliche Aufenthaltsdauer der Gäste in Tagen von 1976 bis 2011; aus: Statistisches Landesamt Rheinland-Pfalz, eigene Darstellung.

Tabelle 8:
Betriebe, Fremdenbette und deren Auslastung in % im Vergleich von 1976 bis 2011; aus: Statistisches Landesamt Rheinland-Pfalz; eigene Darstellung.

Interview von Frau Korden, Monika; Ortsbürgermeisterin in
Herschbroich/Adenau.
Durchgeführt am 12.11.2012 von Thomas Hofstetter, Trier.

Schon 1925 wurde erkannt, dass es Handlungsbedarf für die wirtschaftlich
schwache Region der Eifel gab. Es ist zu vermuten, dass die Eifel ohne die
Nordschleife keine Chance gehabt hätte, die wirtschaftlichen teils schwierigen
Zeiten zu überstehen!
   - *Wo sehen Sie das sonstige Potenzial der Eifelregion ohne die*
     Nordschleife?

„Die Eifel ist kein Gebiet, dass sich in besonderer Weise für die
Landwirtschaft anbietet - dafür ist es zu hügelig, zu steinig und zu Wetter
unbeständig. Wir haben Jahrzehnte lang die Realteilung gehabt,
sodass wir bis zur Flurbereinigung Felder in "Handtuchgröße" hatten, die sich
zur Bewirtschaftung kaum lohnten und in den wenigsten Fällen ihren Besitzer
auch ernähren konnten.
Mit der Forstwirtschaft verhält es sich ebenso: Wir haben zwar große Wälder,
allerdings wachsen bei uns die Bäume sprichwörtlich "nicht in den Himmel".
Wegen der schlechten Bodenverhältnisse wachsen unsere typischen
Eifelbäume (Buchen und Eichen) sehr viel langsamer als anderswo und
bleiben auch viel kleiner. Was selbst in der heutigen Zeit von hohen
Holzpreisen die Forstwirtschaft nicht so lukrativ macht. In den 70er Jahren,
als im Ruhrgebiet bescheidener Wohlstand aufkam, war feststellen, dass es
eher Familien mit Kindern waren, die im Ort Urlaub machten und auch länger
blieben.
Heute kommen Renngäste für ein bis zwei Nächte; zum Urlaub machen fliegt
man ins warme Ausland."

- Wie hätte sich Ihr Ort ohne die Nordschleife entwickelt?

„Meiner Meinung nach hätte sich unser Ort ohne Nordschleife nicht wesentlich anders entwickelt, denn wir haben weder Gastronomie noch Hotels im Ort. Zwar gibt es einige Privatzimmer, aber das sind Nebenerwerbsbetriebe. Unsere Einwohner fahren in der Regel weitere Strecken um zur Arbeit zu kommen (Köln, Bonn, Trier, usw.) und das wäre auch ohne Nordschleife nicht anders. Die Jüngeren ziehen weg, weil sie nach dem Studium bei uns keine Arbeit finden, aber auch das wäre ohne Nordschleife nicht anders."

Warum wurde ausgerechnet die Eifel als Baugebiet gewählt und nicht die Lüneburger Heide oder der Taunus?

„Die Eifel wurde ausgewählt, weil sie strukturschwach war und es eine Menge Gebiete gab die ohne landwirtschaftliche Nutzung waren; es gab kaum Widerstand gegen die Bauarbeiten und billige Arbeitskräfte. Die Bauern haben mit Schaufel und Hacke und ihren Pferden und Wagen für viele Monate ein zusätzliches Einkommen gehabt.
Außerdem liegt die Region günstig im Dreiländer Eck Deutschland Belgien Luxemburg. Holland ist auch nicht so weit weg, so ist die Rennstrecke nicht nur für Deutschland interessant. Der GP von Luxemburg wurde ja immerhin auch schon auf dem Nürburgring abgehalten."

357 Arbeitsplätze am Nürburgring selbst sind relativ wenig. Jedoch erstreckt sich die Zahl derer die vom Nürburgring profitieren viel weiter als man denken mag.

- *Wie hoch schätzen Sie die Zahl der Beschäftigten welche vom und durch den Nürburgring und von der Nordschleife ihren Unterhalt beziehen können?*

„Die Zahl der mittelbar vom Ring abhängigen Arbeitsplätze dürfte 10mal höher sein als die Zahl der unmittelbar Beschäftigten.

Allein die Beschäftigten in der Hotels und der Gastronomie in den Orten rund um den Ring profitieren vom Ring.

Z.B. gab es allein in der Stadt Adenau bis Anfang diesen Jahres 13 Bäckereien. Soviele Brötchen, Brote und Kuchen können 12000 VG Einwohner nicht essen. Die Getränkelieferanten sogar Gärtnereinen, die diversen Grün- und Blumenschmuck liefern, erzielen höheren Gewinne dank des Rings.

Wahrscheinlich liegt die Zahl noch um einiges Höher als ich vermute."

Die Anzahl der Sozialversicherungspflichtigen Beschäftigten in der Verbandsgemeinde Adenau hat sich seit 1974 kaum verändert.
- *Bedeutet dies, dass es der Region arbeitstechnisch sehr gut geht?*
- *Wie viele Unternehmen gibt es in Ihrem Ort welche mit dem Nürburgring verbunden sind?*
- *Wie viele davon lassen sich in das Hotelgewerbe einordnen?*

„Diese Frage hat sich durch die vorhergehende schon teilweise selbst beantwortet. Zu ergänzen ist vielleicht dass es unserer Region arbeitstechnisch nicht sehr gut geht, die Menschen aber bereit sind weitere Anfahrtswege in Kauf zu nehmen, was aber bereits traditionell so ist.

In Herschbroich gibt es drei Betriebe die unmittelbar auf den Ring zurückzuführen sind, die sich alle mit Motorsport beschäftigen.

Hotels haben wir keine, aber wie bereits erwähnt, Frühstückpensionen. Die Zahl der Betten hat sich allerdings im Laufe der vergangenen 30 Jahre ca. um die Hälfte verringert, was aber nicht auf den Neubau am Ring zurückzuführen ist, sondern auf die Tatsache, dass heute viel mehr Frauen berufstätig sind und somit für die Beherbergung von Gästen keine Zeit mehr bleibt."

- *Hat der Bau des Dorint-Hotels im Jahre 1989 ortsansässige Pensionen und Hotelbetriebe gefährdet?*
- *Wie hat das neue Lindner Hotel, sowie das „Eifeldorf Grüne Hölle", die Übernachtungszahlen der bestehenden Betriebe gestört?*

„Weder der Bau des Dorint noch der Bau des Lindner Hotels haben die Übernachtungszahlen verändert. Gäste die in Pensionen gehen sind in aller Regel eine andere Gruppe als die, die üblicherweise Hotels bevorzugen.
Die Pensionsgäste suchen "Familienanschluss" und Ruhe abseits der Rennstrecke, die sie in den Hotels nicht finden können."

- *Profitiert Ihr Ort von Großveranstaltungen wie Rock am Ring, 24h Rennen oder der Formel 1? Wenn ja könnten Sie dies kurz erläutern?*

„Natürlich profitiert Herschbroich von Großveranstaltungen, wobei man Wertigkeiten machen muss.
Das 24 Std. Rennen beschert uns in der Regel eine ganze Woche Vollbelegung, während beim Formel 1 Rennen die Übernachtungen selten mehr als 1 - 2 Nächte gebucht werden, aufgrund des Rahmenprogramms.
Und das Rockfest lockt mehr Camper in die Region!
Die Zimmer werden hier hauptsächlich von Funktionären usw. belegt.

- *Die Veranstaltungen der Formel 1 werden mit hohen Subventionen getätigt, was hätte es, Ihrer Meinung nach, für Auswirkungen, wenn die Formel 1 keinen Gastauftritt mehr auf dem Nürburgring haben würde?*

„Die Formel Ein ist meiner Meinung nach lediglich ein Prestige Rennen, um den Ruf einer Rennstrecke und deren Popularität in die Medien zu bringen. Für Übernachtungszahlen und örtliche Geschäfte ist das Formel 1 Rennen nicht das große Geschäft. Dann eher 24 Std. und Truck Gp."

- *Wie ist die allgemeine Einstellung der Einwohner zum Nürburgring, und zu solchen Großveranstaltungen, bzw. dessen Besuchern?*

„Wir alle sind mit dem Nürburgring aufgewachsen und bei uns werden Sie vergeblich nach einem Gegner suchen; wir sind stolz darauf, dass die ganze Welt zu uns kommt und uns (den Ring) kennt."

Die Nordschleife steht in Mitten eines wunderschönen Naturschutzgebietes. Viele Vogelarten und Wildtiere nennen dieses ihr Zuhause.
- *Wie sind die vielen Lärmbelästigungen durch die Rennstrecke damit vereinbar und welche Auswirkungen sind in Ihrem Ort dadurch bemerkbar?*
- *Gibt es konkrete Maßnahmen in Ihrem Ort für den Umweltschutz/Naturschutz?*

- *Wo sehen Sie den Nürburgring und auch die Nordschleife in 10 Jahren?*

- *Wie sieht die Zukunft Ihres Ortes aus?*

„Die Lärmbelästigung hält sich absolut im Rahmen; Zum einen hängt es sehr von der Richtung ab aus der der Wind gerade weht, ob und wie laut der Ring bei uns zu hören ist. Außerdem empfinden wir es nie als Lärm, schon eher als Musik (und das ist jetzt kein Gefasel oder so: Ich habe mit vielen Menschen geredet und sie alle mögen es)

Außerdem kommt hinzu, dass man sich daran gewöhnt und es irgendwann gar nicht mehr bewusst wahrnimmt, wie bei Menschen die an Straßen wohnen oder an Flüssen, die die Schiffe nicht mehr wahrnehmen.

Was unsere Tiere betrifft, man sollte diese nicht unterschätzen, wenn Vögel auf den Leitplanken und Zäunen sitzen und Rehe und Hirsche unmittelbar neben der Strecke äsen, dann weiß man, dass auch diese Wildtiere sehr wohl einen Unterschied machen zwischen einem Auto, das durch den Wald kommt (Förster z.B.). Da laufen sie in den Wald und bei Autos auf der Strecke reagieren sie überhaupt nicht; die Viehcher fühlen sich weder gestört noch belästigt, sonst würden sie sich nicht so freudig vermehren.

Ich hoffe, dass die Nordschleife auch in 10 Jahren das Herz und der Motor der Region ist. Es wäre sehr schade, wenn durch die momentane Problematik eine ganze Region zerstört würde, nicht landschaftlich sondern strukturell gesehen.

Unseren Ort wird es so oder so weiterhin geben, die Frage ist nur wie. In der letzten Zeit z.B. werden alle leer werdenden Häuser an Ausländer verkauft, die wegen der Rennstrecke in unsere Region kommen. Ein kleiner Ort wie Herschbroich wird mulikulti und das ganz ohne Integrationsprobleme, weil alle ein gemeinsames Interesse haben: Den Motorsport.

Wir haben inzwischen: Belgier, Holländer, Engländer, Luxemburger, Portugiesen, Schweizer und Russen die hier Häuser erworben haben. Das hat den charmanten Nebeneffekt, dass es bei uns keine Leerstände und Hausruinen gibt.

Dieses Problem, dass es in vielen Dörfern Deutschlands gibt, existiert bei uns nicht - Dank dem Nürburgring."

Wie sind die Entwicklungen in den Sparten der Bioenergie, Holz- und Landwirtschaft in Ihrem Ort?

„Zu diesen Themen habe ich schon vorher Stellung genommen; das einzige was sich geändert hat: Unsere Landwirte sind inzwischen Energiewirte und produzieren auf allen Ihren Gebäuden Strom durch Photovoltaik.

Es gibt ohnedies nur noch 3 Landwirte, die überhaupt in der Landwirtschaft tätig sind und auch das nur im Nebenerwerb.

Auf diesem Gebiet wird sich nichts mehr ändern."

Welchen Wandel muss die Demographische Entwicklung der Eifel erleben um in Zukunft noch von Bedeutung zu sein?

„Der demographische Wandel in der Eifel ist nicht anders als in ganz Deutschland - wobei Herschbroich noch recht gut dasteht.

Wir haben, trotz eines ortsansässigen Altenheims, einen ausgeglichenen Einwohnerstand. Will heißen:

Kinder und Jugendliche bis 16 Jahre gibt es genauso viele wie Senioren über 65 Jahre, wenn es so bleibt, sind wir doch sehr zufrieden."

Persönliches zu Frau Korden Monika:

„Ich bin tatsächlich in Herschbroich geboren, sprich mitten in der Nordschleife und werde wohl auch hier begraben werden.

Damit komme ich auch gleich zu der Geschichte die mir zum Ring einfällt: Vor 2 Jahren haben wir auf unserem Friedhof ein Wiesengrabfeld angelegt, aufgrund dem Wandel in der Begräbniskultur. Inzwischen liegen dort einige Personen, die ganz gezielt nach einer Ruhestätte an der Nordschleife gesucht haben, somit unbedingt in Ringnähe beerdigt werden wollten. Eine beachtliche Verbundenheit zu einer Rennstrecke."

Interview von Herr Mergen, Udo; Ortsbürgermeister von Müllenbach/Adenau. Durchgeführt am 02.11.2012 von Thomas Hofstetter, Trier.

Wurden die Einwohnerzahlen im Ort vom Bau des Nürburgringes beeinflusst?

„Die Einwohnerzahlen im Ort wurden durch den Nürburgring nicht beeinflusst."

357 Arbeitsplätze am Nürburgring selbst sind relativ wenig. Jedoch erstreckt sich die Zahl derer die vom Nürburgring profitieren viel weiter als man denken mag.

- *Wie hoch schätzen Sie die Zahl der Beschäftigten welche vom und durch den Nürburgring und von der Nordschleife ihren Unterhalt beziehen können?*

„Ich weiß nicht wie Sie an die 357 Arbeitsplätze kommen, diese Zahlen wurden und werden genauso wie die Zuschauerzahlen manipuliert, zur Zeit sind bei der insolventen Nürburgring GmbH lediglich 31 Personen beschäftigt.

In den Jahren vor dem Projekt „Nürburgring 2009" waren 40-50 Personen bei der Nürburgring GmbH beschäftigt.

Diese Beschäftigten führten die gesamte Organisation der Rennstrecke durch.

Ich schätze die Zahl der Beschäftigten die mittel- und unmittelbar durch den Nürburgring Unterhalt beziehen auf max. 400, wobei ein Großteil davon Teilzeitjobs, 400€ Jobs oder Niedriglohnjobs < 5.-€ sind.

Lediglich bei Großveranstaltungen wie Rock am Ring, 24h Rennen oder F1 steigt die Zahl durch Saisonarbeit erheblich an."

Wie viele Unternehmen gibt es in Ihrem Ort welche mit dem Nürburgring verbunden sind?

Wie viele davon lassen sich in das Hotelgewerbe einordnen?

Hat der Bau des Dorint-Hotels im Jahre 1989 ortsansässige Pensionen und Hotelbetriebe gefährdet?

Wie hat das neue Lindner Hotel, sowie das „Eifeldorf Grüne Hölle", die Übernachtungszahlen der bestehenden Betriebe gestört?

„In unserem Ort sind 14 Betriebe mit dem Ring verbunden, davon ist die Hälfte dem Hotelgewerbe zuzuordnen.

Der Bau des Dorint Hotels hat die ortsansässigen Pensionen und Hotels nicht gefährdet.

Der Bau der Lindner Hotels und des Feriendorfes hat die Betriebe erheblich gestört, vor allem die 2. und 3. Anbieter, wie Pensionen und Privatherbergen haben erhebliche Einbußen durch die Dumpingpreise der Lindner Hotels."

Die Nordschleife steht in Mitten eines wunderschönen Naturschutzgebietes. Viele Vogelarten und Wildtiere nennen dieses ihr Zuhause.

  - *Wie sind die vielen Lärmbelästigungen durch die Rennstrecke damit vereinbar und welche Auswirkungen sind in Ihrem Ort dadurch bemerkbar?*

„Bis auf wenige Kritiker, welche es immer gibt, ist die Einstellung der Einwohner zu den Veranstaltungen positiv.

Unser Ort liegt näher an der Grand Prix Strecke (1Km) als an der Nordschleife (3 Km), was Vögel betrifft kann ich keine Angaben machen.

Die Rot- und Rehwildpopulationen haben seit Bau der GP Strecke um ein vielfaches zugenommen."

- *Gibt es konkrete Maßnahmen in Ihrem Ort für den Umweltschutz/Naturschutz?*

„Konkrete Maßnahmen zum Umwelt/Naturschutz gibt es in unserem Ort nicht, lediglich ein größere Zahl an Ausgleichsflächen."

- *Wo sehen Sie den Nürburgring und auch die Nordschleife in 10 Jahren?*

„Wo die Nordschleife aber auch der Nürburgring als Ganzes in 10 Jahren steht hängt davon ab, ob die Anfangs beschriebenen Fehler weiterhin gemacht werden.

Es müssen neue Ideen entwickelt werden und ein effektives Controlling muss installiert werden.

Es muss verhindert werden, dass nicht wie bisher und ich meine nicht nur die letzten 3-4 Jahre, einige wenige mit relativ wenig Aufwand ihren Profit machen.

Auch dürfte der Immissionsschutz (Lärm) eine große Rolle spielen. Bisher wurden hierbei wohl einige Augen zugedrückt, da das Land der Eigentümer war.

Ein zukünftiger privater Betreiber dürfte es da schwerer haben.

Auch dürfte die Instandhaltung der Rennstrecke größere Summen verschlingen, woran schon Betreiber anderer Rennstrecken gescheitert sind.

Wahrscheinlich werden wir finanzielle Einbussen erleiden, die neuen Betreiber gleich welcher Art werden gewinnorientiert arbeiten, Pachten usw. werden geringer ausfallen."

- *Wie sieht die Zukunft Ihres Ortes aus?*

„Die Gemeinde muss versuchen, dies wenn möglich durch Einnahmen aus Windkraft und durch eine effektivere Waldbewirtschaftung kompensieren.

Die demographische Entwicklung geht auch an Müllenbach nicht vorbei.

Um dem entgegen zu wirken bedarf es wohl vieler Maßnahmen.

Als erstes haben wir mit erheblichen Aufwand unseren Ort ans schnelle Internet angeschlossen, weitere Maßnahmen müssen folgen."

Printed by Books on Demand GmbH, Norderstedt / Germany